アクチュアリー試験
合格へのストラテジー
生保数理

山内恒人 監修
アクチュアリー
受験研究会代表 MAH・西林信幸・寺内辰也 著

東京図書

R 〈日本複製権センター委託出版物〉

本書を無断で複写複製（コピー）することは，著作権法上の例外を除き，禁じられています。本書をコピーされる場合は，事前に日本複製権センター（電話：03-3401-2382）の許諾を受けてください。

# 監修者のことば

　MAH さんによるアクチュアリー試験対応図書の発行プロジェクト第 2 冊目となる

『アクチュアリー試験　合格へのストラテジー　生保数理』

をお届けいたします．

　ここ 10 年ばかりの間に保険数学関連の著書が何冊か日本語で出版されており，日本アクチュアリー会の指定教科書以外にはこの分野を知ることができなかったほんの 10 数年前とは隔世の感があります．その間に本当に多種多様な保険数理関連の図書が発行されました．

　それら既に多くの関連図書が存在している中で新たな書籍を世に問うからには存在意義が明確でなければなりません．本書が他書と趣を大いに異にするポイントは，アクチュアリー試験に焦点を絞り，それ以外の要素を極力排除した極めてエッジのかかった内容であるという点でしょう．

　監修者はかねがね生命保険数学の細部にわたった事柄を理解するために，アクチュアリー試験受験者が膨大な文脈の谷間から必要概念を探し出すためにとてつもなく多くの時間をかけている状況を大変残念に思っておりました．もちろん，プロフェッショナルとなるためにはどこか孤独ともいえる修練が必要ですが，日常業務も抱えた多忙な受験者にとっては文章に埋没した様々な概念はもちろんのこと，試験に直接関連する部分を際立たせた発行物があればもっと学習が楽になるだろうと思っておりましたが，まさにこの本はそのような「わがまま」な要請に応える本となっております．

生命保険数学の理解の為には100程度の定義式を記憶しなければなりませんし，公式・関係式まで含めるともっと多くの式があり本書で取り上げたものでも400個程度のものが学習範囲となります．

ただ，重要なことはその量に圧倒されないことです．そのためには本書第III部で展開される具体的な問題を解くことによって，これらの関係式がどのように使用されているかを理解すれことが肝要です．そうすれば量からくる圧迫感を打ち砕くことができるでしょう．

また，本書ではアクチュアリー教育に造詣の深い日本アクチュアリー会正会員の西林信幸氏による多くの文章を随所に頂戴している上に，演習の解説にも氏の深い知見をコメントとして頂いております．

そのほか，本書はMAHさんが主催するアクチュアリー受験研究会のまさに精鋭というべき方々が実際の原稿の作成にあたりました．

いずれにしましても，本書がアクチュアリー試験受験者にとりまして生保数理の勉強において信頼のおけるパートナーとなることを，そして，この本を手に取られた皆様が本書により1日でも早く生保数理の合格を手にされることを心よりお祈りしております．

2018年4月

山内恒人

# 推薦のことば

　消費者の声を開発に活かしたすぐれた製品というものがあります．本書は
その見事な一例です．

　本書の場合の「消費者」はアクチュアリー試験の受験者であり，その受験
者たちの声が，本書では随所に活かされています．その源となっているの
は，第一著者であるMAH氏が立ち上げたアクチュアリー受験研究会の存
在です．現役受験者および元受験者が集う同会の会員は，本書出版時点で
2000名を超えています．MAH氏は，同会を通じて受験者たちの多様な声を
収集する仕掛けを作り，その声を本書のいたるところに反映させました．ま
た，著者の一人である寺内辰也氏は，（本書執筆時点で）生保数理の現役の
受験者であり，いわば消費者の生の声の代表者です．

　もちろん，消費者の声を盛り込んだだけですぐれた製品となるわけではあ
りません．すぐれた製品の開発者は，その分野に関する高い専門性をも備え
ている必要があります．その点，もう一人の著者である西林信幸氏は，長年
にわたって実際に生保数理の受験指導をしてきたアクチュアリーであり，生
保数理の教科内容の隅々にまで精通しています．また，監修者である山内恒
人先生といえば，試験範囲に限らぬ生保数理＝生命保険数学全般に通じてお
られ，その知識と知見の広さと深さは国内随一です．

　こうした強力な執筆・監修陣によって作られた本書は，最終的な完成度も
高く，生保数理の受験者は，本書を使って安心して勉強を進めていくことが
できます．ただし，本書を開けばそこに何かきわめて安易な道が示されてい
る，などとは期待しないでください．「暗記不要」だとか「算式なしてもわか

る」だとかといったことは決して謳われていません．まじめで正々堂々たる受験のコツはいろいろ教えてくれますが，その場限りの抜け穴的な受験テクニックは書いてありません．実のところ，アクチュアリーの世界でのみ通用する記号がいたるところに登場する生保数理というこの科目を習得するためには，ごく少数の秀才を除き，それなりの「覚悟」（本書第4章ご参照）が不可欠です．本書はそうした「覚悟」ができる方のための本です．とはいえ，「覚悟」をもって臨むからといって，無用な苦労までする必要はありません．そうした苦労を大幅に軽減してくれるヒント——それが満載されているのが本書です．それゆえ，生保数理を本気で習得しようと思っている方々にとって，本書の誕生は誠に朗報だと思います．

　いかがでしょう．生保数理の習得が難しそうだと感じていますか？　「覚悟」はできそうですか？　この二つの問いに対する答えが「イエス」であるすべての受験者に，私は本書を強くお薦めします．

　2018 年 4 月

岩沢宏和

# はじめに

　昨年，多くの皆様のご支援をいただき，『アクチュアリー試験 合格へのストラテジー 数学』を発行することができました．おかげさまで，多くの初学者の方にご購入いただき，試験対策の一助にしていただけたと思っております．

　本書はその第2弾にあたり，1次試験科目で数学の次に受験をお勧めしている「生保数理」を取り上げました．私は1次試験の数学系科目の中で，一番「生保数理」が好きです．それは，保険料を計算している，責任準備金を計算している，その仕組みに直接触れ，実際に計算できるところが非常に面白く，勉強のモチベーションになりました．

　実はアクチュアリー試験の数学系科目の中では，微分積分の計算量は少ない方の部類に入ると思います．その代り，見慣れないアクチュアリー記号が登場いたします．とっつきにくい面はあるものの，その記号の意味や成り立ちを理解できるようになっていくと「うまく表現しているなぁ」と感心することしきりです．意味がわかってくれば関連する公式自体も簡単に覚えることができ，すらすらと学習も進んでいくことでしょう．

　このアクチュアリー記号の存在意義や生保数理を勉強していく意義・意味については，監修者の山内恒人先生から大変素晴らしい原稿をいただきました．特別寄稿として第4章に掲載いたしましたので，楽しんでお読みいただければと思います．

　初学者にとって，アクチュアリー試験「数学」は，教科書や参考書が複数

viii

あり，しかも広範囲で十分に整理されているわけではない，というところに難しさがありました．一方，「生保数理」に関しては，しっかりとした教科書があり，それだけでも十分な対策ができるとも言えます．それでも数学が苦手な初学者や他業界から転職を見すえた挑戦者など初受験者からしてみれば，どこまでどう進めれば合格ラインに届くのか，が見えづらい不安があります．

それというのも，アクチュアリー試験の難易度の高さの一つに，試験の問題の難易度自体が安定せず，一定の基礎学力があれば合格するはずなのに，その「一定」のラインが毎年同程度かというと必ずしもそうではないのではないか，という声もあがっています．そのため，合格レベルにあると思われる方でも，年1回と少ない本番でものすごい量の計算量にはまってしまったり，焦ってしまったりと，力が発揮できず不合格になったりする，独特の要因が存在するといっても過言ではありません．

試験を作る試験委員が毎年のように変わり，それもボランティアという事情があるので致し方ないのですが，受験者はこういったことも踏まえて，乗り越えていく力が求められています．

こういう試験に対する諸情報の少なさをカバーするために，少しずつでもアクチュアリー試験に関する情報を蓄積していけば，きっとよりアクチュアリー試験にチャレンジしやすくなるに違いない，そういう思いから2009年に「アクチュアリー受験研究会[*1]」という勉強サークルを立ち上げました．アクチュアリー試験の受験生がより効率的に学習が進めていくことができれば，受験生の皆さんの早期合格＝幸せにつながるのではないかと考えています．

本書は初学者を対象とし，アクチュアリー試験を受けるための基本情報，アクチュアリー試験「生保数理」合格までのステップ，過去問を解くために必要な公式・知識を網羅した必須公式集，公式を理解し定着させるための必須問題集で構成しています．本書のみでアクチュアリー試験「生保数理」の

---

[*1] http://pre-actuaries.com/

勉強を進めていくにあたって最低限必要な知識を習得することを目指しました．試験範囲外のことはそぎ落としていますので，1冊丸々やり込んでいただいてもまったく無駄が生じないように盛り込んであります．本書に出てくるすべての問題について，1問あたり5分，最大でも8分で常に解ける状態にまで習熟すれば，過去問にも十分取り組んでいけると思います．本書をベースに，勉強を進めていくことで，確実に合格を果たせるのではないかと思います．

　一方で，本書だけでアクチュアリー試験「生保数理」に合格することを保証しているわけではありません．本書をクリアしたのち，過去問への取り組みや，未出問題への取り組み・準備・対策なども必要です．本書はそれらに取り組んでいくための基礎的な知識を盛り込んでいますので，本書に掲載している公式集や解法を活用して，どんどん過去問に取り組まれるといいでしょう．

　本書は，各教科書・参考書・過去問や，アクチュアリー受験研究会の会員の皆さまからお寄せいただいた情報を参考に，共著者であるジェネラル・リインシュアランス・エイジイの西林信幸さん，マーサージャパンの寺内辰也さんとともに，数か月の時間を掛けて作成いたしました．お二人の多大なるご協力が無ければ本書は生まれなかったでしょう．

　また，本書の企画・制作において多大なるご指導をいただいた山内恒人先生，岩沢宏和先生に感謝を述べたいと思います．そして本書の作成にあたっては，公式集の作成を大いに手伝っていただいた横田大輔さん，全体構成，まとめ・仕上げ・各種チェックに多大に貢献いただいたアクサ生命の北村慶一さん，問題チェックや校正に協力いただいた藤澤陽介さん，あずさ監査法人の島本大輔さん，損保ジャパン日本興亜の相馬直樹さんと中島圭輔さん，プルデンシャルジブラルタファイナンシャル生命の鈴木理史さん，Eshallotさん，栗山太一さん，稲葉麻友子さん，損保ジャパン日本興亜ひまわり生命の宮川祐紀さんをはじめとして，アクチュアリー受験研究会の皆さん，本当にありがとうございました．

x

　「生保数理」受験生の最初の一冊として，そして受験生の笑顔を見られることを祈念しております．

　2018年5月

アクチュアリー受験研究会代表　MAH

# 目　次

監修者のことば              iii

推薦のことば               v

はじめに                vii

## 第Ｉ部　アクチュアリー試験「生保数理」受験ガイダンス   1

## 第1章　アクチュアリー試験の概要   3

  1.1   なぜアクチュアリー？ ・・・・・・・・・・・・・・・   3

  1.2   アクチュアリー試験はどんな試験？ ・・・・・・・・・   4

## 第2章　アクチュアリー試験「生保数理」概要   13

  2.1   試験範囲について ・・・・・・・・・・・・・・・・・   13

  2.2   教科書・演習書と試験範囲の関係 ・・・・・・・・・・   14

  2.3   試験の形式と試験時間からの考察 ・・・・・・・・・・   15

  2.4   アクチュアリー試験「生保数理」の沿革 ・・・・・・・   16

## 第3章　初学者のための「生保数理」受験ガイダンス   17

  3.1   1年間のスケジュール ・・・・・・・・・・・・・・・   18

  3.2   西林式「生保数理」攻略法 ・・・・・・・・・・・・・   20

xii 目 次

| | | |
|---|---|---|
| 3.3 | よくある質問 ・・・・・・・・・・・・・・・・・・ | 35 |
| 3.4 | モチベーション維持法・疑問点解消法 ・・・・・・・・ | 38 |
| 3.5 | アクチュアリー受験研究会の活用 ・・・・・・・・・ | 38 |
| 3.6 | 試験直前の心得 ・・・・・・・・・・・・・・・・・ | 40 |

**第4章 特別寄稿「アクチュアリー受験生に求められる覚悟」　　43**

**第 II 部　アクチュアリー試験「生保数理」必須公式集　　49**

**第5章　保険料　　51**

| | | |
|---|---|---|
| 5.1 | 利息の計算 ・・・・・・・・・・・・・・・・・・・ | 51 |
| 5.2 | 生命表および生命関数 ・・・・・・・・・・・・・・ | 58 |
| 5.3 | 純保険料 ・・・・・・・・・・・・・・・・・・・・ | 66 |
| 5.4 | 営業保険料 ・・・・・・・・・・・・・・・・・・・ | 79 |

**第6章　責任準備金　　81**

| | | |
|---|---|---|
| 6.1 | 責任準備金（純保険料式）・・・・・・・・・・・・・ | 81 |
| 6.2 | 実務上の責任準備金 ・・・・・・・・・・・・・・・ | 87 |
| 6.3 | 解約その他諸変更に伴う計算 ・・・・・・・・・・・ | 88 |

**第7章　連生・就業不能など　　93**

| | | |
|---|---|---|
| 7.1 | 連合生命に関する生命保険および年金 ・・・・・・・ | 93 |
| 7.2 | 脱退残存表 ・・・・・・・・・・・・・・・・・・・ | 101 |
| 7.3 | 就業不能（または要介護）に対する諸給付 ・・・・・ | 103 |
| 7.4 | 災害および疾病に関する保険 ・・・・・・・・・・・ | 111 |
| 7.5 | 計算基礎の変更 ・・・・・・・・・・・・・・・・・ | 112 |

目次　xiii

# 第III部　アクチュアリー試験「生保数理」必須問題集　115

## 第8章　保険料　117

8.1　利息の計算　・・・・・・・・・・・・・・・　118

8.2　生命表および生命関数　・・・・・・・・・・　127

8.3　純保険料　・・・・・・・・・・・・・・・・　141

8.4　営業保険料　・・・・・・・・・・・・・・・　153

## 第9章　責任準備金　157

9.1　責任準備金（純保険料式）・・・・・・・・・　158

9.2　実務上の責任準備金　・・・・・・・・・・・　165

9.3　解約その他諸変更に伴う計算　・・・・・・・　181

Tea Time アク研初期メンバーの合格体験記〜正会員になって〜　187

## 第10章　連生・就業不能など　189

10.1　連合生命に関する生命保険および年金　・・・　190

10.2　脱退残存表　・・・・・・・・・・・・・・・　206

10.3　就業不能（または要介護）に対する諸給付　・・・・・・・　213

10.4　災害および疾病に関する保険　・・・・・・・　229

10.5　計算基礎の変更　・・・・・・・・・・・・・　234

## 付録A　生保数理のための数学基礎公式集　243

A.1　数列　・・・・・・・・・・・・・・・・・・　243

A.2　重要関数　・・・・・・・・・・・・・・・・　245

A.3　微分積分　・・・・・・・・・・・・・・・・　246

A.4　テーラー展開　・・・・・・・・・・・・・・　248

A.5　2次方程式の解　・・・・・・・・・・・・・　248

A.6　場合の数　・・・・・・・・・・・・・・・・　249

A.7　確率変数　・・・・・・・・・・・・・・・・　250

A.8　微分方程式　・・・・・・・・・・・・・・・　253

xiv 目 次

付録B 最後の確認！ 生保数理 重要穴あき公式チェックシート　255

付録C 電卓の使いこなし術（生保数理編）　267

付録D 生保数理営業保険料分解図　271

付録E 生保数理記号集　273

参考文献　285

索 引　286

◆装幀　戸田ツトム＋今垣知沙子

# 第1部

# アクチュアリー試験
# 「生保数理」受験ガイダンス

# ■第1章
# アクチュアリー試験の概要

## 1.1　なぜアクチュアリー？

　アクチュアリーとは，保険や年金，金融などの多彩なフィールドで活躍する "数理業務のプロフェッショナル" のことです[*1].

　一般に生命保険会社・損害保険会社・信託銀行に所属し，商品開発業務や，保険料や責任準備金の計算・決算業務，リスク分析・管理業務をはじめ，保険会社の経営の健全性をチェックしたり，長期計画の策定に携わったりするなど，そのスキルを活かして多岐にわたって活躍しています．また，保険会社や信託銀行以外にも，コンサルティング会社に所属し，保険会社や年金基金に関わるコンサルティングを行ったり，監査法人に所属し，保険会社の監査に携わるアクチュアリーも増えてきています．

　アクチュアリー自体の知名度は，日本では発展途上段階にありますが，アメリカでは 2015 年の職業ランキングで 200 業種から 1 位に選ばれる[*2] ほどであり，知的かつステータス・収入が高い職種だと言えます．

　大学 3 年生から受験可能で，過去問を日本アクチュアリー会の WEB[*3] か

---

[*1] アクチュアリーについて http://www.actuaries.jp/actuary/index.html
[*2] The Best Jobs of 2015 http://www.careercast.com/jobs-rated/best-jobs-2015
[*3] 資格試験過去問題集 http://www.actuaries.jp/lib/collection/index.html

4 第1章 アクチュアリー試験の概要

ら無料で入手できるようになったこともあり，受験者数はここ数年大きく伸びてきています．

　日本のアクチュアリーになるためには，日本アクチュアリー会の正会員になる必要があり，そのための試験がアクチュアリー試験です．日本アクチュアリー会の正会員数は約2,000名（注：2022年3月現在）と少なく，受験の手掛かりが少ないことが，他の試験と比べて難しさを感じさせている理由の一つだと思います．

## 1.2　アクチュアリー試験はどんな試験？

### 1.2.1　アクチュアリー試験の概要

　アクチュアリー試験の資格試験要領は，日本アクチュアリー会のWEBから入手することができます．試験内容などについて，毎年何らかの変更がありますので，気を付けましょう．以下は，平成29年度資格試験を基にした概要になります．

#### 試験の構成

　試験は第1次試験（基礎科目）と第2次試験（専門科目）から構成されます（以下，単に「1次試験」「2次試験」と略します）．1次試験，2次試験合わせて7科目に合格することが求められています．1次試験に1科目以上合格すると研究会員[*4]，1次試験5科目すべてに合格すると準会員，2次試験すべてに合格し，プロフェッショナリズム研修を受講し，理事会の承認を得た者が日本アクチュアリー会の正会員となることができます．

#### 1次試験

　1次試験は「2次試験を受けるに相当な基礎的知識を有するかどうかを判定すること」を目的とされています．

---

[*4] この他，正会員2名の推薦と理事会の承認により研究会員になる方法があります．

科目は「数学」「生保数理」「損保数理」「年金数理」「会計・経済・投資理論（以下，「KKT」）」の 5 科目で構成されています．受験生はどの科目からも受け始めることができて，一度合格すると受け直す必要がありません．

「数学」「生保数理」「損保数理」「年金数理」は数学系科目です．KKT は前述の 4 科目と系統が異なる試験ですが，それでも最近は計算量が増えてきています．1 次試験はすべてマークシートで，1 科目ごとに 100 点満点で，原則 60 点[*5] が合格基準点となります．KKT だけは，「会計」「経済」「投資理論」の各分野ごとに最低ラインがあり，分野ごとに満点の 40% に達していない場合は，不合格となります．

**2 次試験**

1 次試験 5 科目にすべて合格しないと 2 次試験は受験できません．2 次試験は，「アクチュアリーとしての実務を行ううえで必要な専門的知識および問題解決能力を有するかどうかを判定すること」が目的とされています．

試験科目には「生保コース」「損保コース」「年金コース」のうち 1 つを選び，それぞれ 2 科目あります．

試験問題は，全体の 5 割程度が「アクチュアリーとしての実務を行ううえで必要な専門的知識を有するかどうかを判定する問題（第 I 部）」，残りの 5 割程度が「アクチュアリーとしての実務を行ううえで必要な専門的知識に加え問題解決能力を有するかどうかを判定する問題（第 II 部・いわゆる所見問題）」で構成されます．

合格基準点は 1 次試験と同じく原則 60 点ですが，第 I 部については満点の 60% 程度，第 II 部については満点の 40% 程度に最低ラインが設定されます．

### 1.2.2　アクチュアリー試験は難しい試験なのか？

世の中には，司法試験や弁理士，公認会計士など数々の難関資格試験があります．単純に比較することは難しいです．ただ，アクチュアリー受験研究

---

[*5]「原則」なのは，試験の難易度により合格基準点が変更になることがあるからです．

**6**　第1章　アクチュアリー試験の概要

会のメンバーで，弁護士かつ公認会計士でアクチュアリー正会員という方がいらっしゃいますが，彼曰く，アクチュアリー試験が司法試験や公認会計士試験よりはるかに難しかったそうです．

　アクチュアリー試験は理論上最短2年で合格できますが，日本アクチュアリー会のWEBには，1次試験＋2次試験合格者の合格までの平均年数は8年程度と記されています．1年程度で合格する類いの資格試験と比べると，勉強する量が格段に多く，それだけでも難しい試験といえるかもしれません．

　アクチュアリー試験が合格するまでにこれほど時間がかかる要因は以下の2点になると思います．

### 1. 1次試験は数学系の試験

　特徴的なのは，数学に関する基礎的な事項が組み込まれており，かなりの計算量があるという点です．したがって数学的な素養があれば，1次試験では有利，ということができます．

　アクチュアリー試験の1次試験5科目に関する教科書を読み進めていくにあたって，前提として最低限必要なのは高校数学のごく一部です．大学時代は文系に進んだけど，数学を勉強するのが嫌いではない，という方であれば，問題なく学習を進めることはできると思います．

　大学時代に数学を勉強，特に微分積分をきちんと勉強されていた方は，ゼロから始める方よりは大変有利だと思います．数学に強いという方や勉強の時間を多く確保できる方であれば，5科目を合格するのに，2,3年で達成することも可能です．実際のところ，大学3年生から受験が可能であり，アクチュアリー新卒採用*6 も院卒が増えていることから，学生時代に5科目をすべて合格し，入社と同時に2次試験に挑む方が出てきています．

　1次試験の1科目あたりの合格率は例年10〜30％と非常に波がありますので，受け続けていれば易化した問題に当たることも十分あり得ます．

---

*6 保険会社や信託銀行などで，「総合職」採用とは別に「アクチュアリー候補生」として
　アクチュアリー部門への配属が約束されている採用形態のことです．

## 2. 2次試験は実務的な論述試験

1次試験とうって変わって，2次試験は実務や関連する法令に関する知識が必要な問題や所見問題が出題されます．

ここで，今度は数学が得意であった受験生でも，実務や法令に関する知識，それらを活用した論述が求められ，いわば文系的素養が必要となります．また，実務の感覚がわかっていないと，所見を書くにしても筋違いの論述展開をしてしまい，得点できないといったことが生じます．そういったことから，2次試験も例年10％前後の合格率となっています．

なんか，難しい試験のような気がしてきましたね？ でも安心してください．結論から言うと，しっかりと適切な情報を手に入れて，真面目に勉強すれば必ず合格する試験なのです．努力は必要ですが，楽しみながら，かつ試験に必要な情報を得るネットワークもしっかり確保しながら合格を目指す，ということは十分に可能です．

### 1.2.3 アクチュアリー受験研究会とは

アクチュアリー受験研究会（通称「アク研」）は，アクチュアリー試験に挑戦する仲間が集うオンライン上に存在する勉強サークルです．私MAHが，アクチュアリー試験に関する各種情報をデータベースとして蓄積していくこと，勉強仲間を増やし，お互いにモチベーションを高めてあっていくことを目指して設立しました．2023年4月現在，会員数4,200名ほどとなっています．

アクチュアリー試験は難易度の高い試験ですので，1人で勉強していると困ることが多々あります．挫折しそうになります．

アクチュアリー受験研究会には各公式集，過去問解説，教科書解説，誤植情報，またアクチュアリーの仕事についての情報などが多数掲載されており，今もなお増え続けています．2012年に始まったCERA試験も対象にしています．アクチュアリー試験に関する全科目の情報をネット上で入手できる国内最大の会員制サイトとなっています．

**8**　第1章　アクチュアリー試験の概要

　アクチュアリー受験研究会の勉強会では，1次試験科目，2次試験科目ともに多くの受験生が集い，試験に合格していくためのさまざまな情報を得つつ，一緒に勉強する仲間を作っていくことができます．また，正会員，準会員の方も多数参加し，懇親会でも気軽に仲良くなれます．生保・損保・年金分野の実務がどうなっているのかなど，就職や転職にあたって必要な情報や話題も得ることができます．学生の方や，転職を考えている社会人の方にもお勧めいたします．

### 1.2.4　どの科目を最初に受けるか

　アクチュアリー試験にチャレンジしようと思い立ったら，勉強を始めることになるのですが，一番最初にどの科目から受験するとよいのでしょうか．アクチュアリー受験研究会内でも諸説飛び交っていますが，いくつかの意見を紹介します．正解があるわけではありません．

**初学者の場合**

　私の意見としては，初学者も含め初受験される方は，まずは2科目受験するのをお勧めします．それで特にお勧めなのが，数学と生保数理の2科目を選択して勉強することです．

　理由は2つあります．1つは，科目によって難易度のブレがあるため，受験した年の問題がたまたま易しく，自分のレベルに合った問題に遭遇するかもしれないと考えたとき，2科目以上の受験勉強をして，試験に臨むことで「ひょっとしたら…」を期待できるかもしれません．仮に1科目分しか間に合わなかったとしても，自分の実力のみで3時間，試験問題と格闘することも非常に重要な経験です．必ず来年に活きると思います．実際に数学科出身の会員でも，いざ本番で実力が発揮できなかったケースも見受けられます．試験本番で緊張し，本来の実力の6割くらいしか出せないことも想定されますので，試験の雰囲気に慣れることも重要だと思います．

　もう1つの理由は，「違う系列の科目」を選択するということです．数学と損保数理，生保数理と年金数理は同じ系列といわれています．実際に試験

範囲が重複している部分もあります．

　損保数理では，数学の試験範囲の回帰分析や，統計系の問題，単に積率母関数を求める問題も登場します．単純な数学の問題もそこそこあります．ただ，数学の上位レベルの計算量・知識が必要となってくるので，数学の受験レベルを一通りクリアしないと，教科書を読むのですら苦労すると思います．数学受験初学者には損保数理から始めるのはお勧めしません．

　また，生保数理は，被保険者が1人（もしくは2, 3人）の生命保険を扱います．年金数理は，集団の年金を扱う関係上，生命年金の基礎事項については試験範囲に同じ部分が含まれています．

　生保数理と年金数理は，独特の記号が登場します．非常に特徴的ですが，慣れると非常によくできた記号だなと感心すると思います．言葉を記号に変換できるので，微分積分が不得意な方や文系の方でも比較的取り組みやすいと思います．数学や損保数理に比べると，記号の展開や式の変形，パズル的な問題も多く，四則演算，級数計算のウエイトが大きいです．数学と損保数理に比べると積分計算は少なく単純です．

　また数学と異なり，保険料や責任準備金を計算する，という実務で扱うものが登場するため，非常にモチベーションも高く勉強できます．生命保険会社の営業部門にいて，商品部門や経理部門への異動を目指してチャレンジされる方にもお勧めです．自分がお勧めしている商品の構造がわかる，というのは魅力がありますよね．

## いきなり「数学」受験に自信がない場合

　経済学部などの文系学部出身の方，数学を勉強してからブランクがある方などで，数学そのものに苦手を感じているけど，アクチュアリーを目指したい，という方は，数学とKKTから始めてみるといいでしょう．

　KKTは他の1次試験科目と比べると，数学的レベルは比較的低く，合格率は高いです．また，会計分野はほぼ暗記科目なので，安定して得点源にすることができます．また，特に経済学部出身であれば，経済分野はお手のものでしょう．

**10**　第1章　アクチュアリー試験の概要

　そこで，数学は基礎から固めるところから始めて，試験本番ではKKTで合格を目指す，というのも手堅い作戦です．

　1次試験のKKTは，証券アナリスト試験の試験範囲と一部重複しています．金融業界での活躍を目指すのであれば，金融パーソンのたしなみとして，証券アナリスト資格を取得するのもいいでしょう．アクチュアリー試験のついでで合格を目指すことが可能です．

　今どき，お客様のお金だけではなく，自分自身の資産をどう運用していくのかを考えることも重要です．しっかりと基礎知識を学んで長期にじっくり投資していくという観点から，KKTを勉強しておくことは人生にとってプラスだと思います．

## 時間がたっぷりある場合

　常に残り科目すべて申し込む，という作戦を勧められる方がいます．1次試験5科目残っていれば5科目，3科目残っていれば3科目申し込むという方法です．

　要するに，アクチュアリーになるためには早々と合格しなければならず，そのために自分を最大限に追い込み，早期に合格するという方法です．

　実際，アクチュアリー受験研究会の会員で，過去5科目もしくは4科目受験して，すべて合格されたという報告を数人からいただいています．また，5科目受験して，2年連続不合格でも3年目で3科目，4年目で残り2科目を合格した方もいます．

　実際に勉強する時間が豊富にある場合は，それでも構いませんが，試験が近くなり，特定の科目に絞るということになる場合も多いです．結局はどれだけ受験勉強に時間を割くことができるのか，という話になるかと思います．

　数学を大学で専攻していた方もこの方法は可能だと思いますが，数学的な素養がない場合は，この手法はお勧めしません．数学の試験だけでつまずいてしまいます．

### とりあえず1科目合格を狙う

1科目だけでもとりあえず合格するメリットは大きいです．なぜなら，研究会員になるだけで，日本アクチュアリー会の各種イベント（例会・年次大会など）に参加できるだけでなく，追加演習講座に参加することができるからです．

日本アクチュアリー会が開講しているアクチュアリー試験用の講座に，基礎講座と追加演習講座があります．

基礎講座は，例年4〜9月の平日に実施されている，講義形式の講座です．基礎講座に参加すると，ほとんどの科目で教科書や参考書が配布されるので，教科書をまとめて揃えることができるのがメリットです．参加者の多くは，どちらかというと生保・損保・信託の新入社員だと聞いています（平日の勤務時間中に勉強ができる，ということは幸せなことです．他業界からのチャレンジャーはそうはいきません）．

追加演習講座は例年10月から開講され，夜6時半から8時半まで2時間，8コマから10コマくらいのしっかりした試験対策講座になっています．そのうえ，値段も格安です．これに参加するためにも，まずは1科目合格を目指す，という考え方です．

また，アクチュアリー試験の合格にあたって，数学は避けて通れないので，とりあえず最初の1科目は数学に絞るというのも十分アリな考え方です．統計部分などは，一般的な基礎レベルの内容なので，実務上も役に立つ部分があると思います．

自分の業界の科目に合格する，というモチベーション（プレッシャー？）を上げて勉強するのもいいでしょう．生保業界の方であれば，生保数理をまず合格する，年金業界の方であれば，まず年金数理を合格する，という考え方です．

アクチュアリー試験は長丁場になるので，どうやって長期的にモチベーションを保って勉強をするのか，というのは非常に重要です．好きな科目を極めたいと思うことは大きなモチベーションになるでしょう．

# ■第2章

# アクチュアリー試験「生保数理」概要

## 2.1 試験範囲について

　試験日程・試験範囲・教科書などの試験要領については，日本アクチュアリー会の WEB から入手することができます（例年 6 月末くらいに WEB 上に公表されます）．平成 29 年度の生保数理の試験範囲は，平成 12 年度に保険数学 I と保険数学 II が統合されたときからほとんど変わっていません．

　「生保数理」試験の概要は以下の通りです．

- 利息の計算
- 生命表および生命関数
- 脱退残存表
- 純保険料
- 責任準備金（純保険料式）
- 計算基礎の変更
- 営業保険料
- 実務上の責任準備金
- 解約その他諸変更に伴う計算
- 連合生命に関する生命保険および年金
- 就業不能（または要介護）に関する諸給付

**14**　第 2 章　アクチュアリー試験「生保数理」概要

- 災害および疾病に関する保険

## 2.2　教科書・演習書と試験範囲の関係

教科書・参考書は次のとおり指定されています．

**教科書**　『生命保険数学』二見隆（生命保険文化研究所）（上巻第 1 章〜第 6 章，下巻第 7 章〜第 9 章，第 12 章〜第 14 章）

**参考書**　『アクチュアリーのための生命保険数学入門』京都大学理学部アクチュアリーサイエンス部門（岩波書店）

アクチュアリー試験を受験する以上，指定された教科書，参考書の購入をお勧めします．

　生保数理は，教科書である『生命保険数学』（以下，[教科書]）の第 1 章から第 9 章，第 12 章から第 14 章から出題されます．二見先生のこの本は日本アクチュアリー会でしか購入できないですが，名著であり，生命保険数理を学ぶ上で必要かつ十分な内容となっています．

　第 3 章のガイダンスで詳しく勉強の仕方を説明していきますが，基本的には他の本はあまり必要なく，[教科書] ＋本書＋過去問中心で勉強していくことが基本となります．指定の参考書はあるものの，[教科書] に記述がなくて，参考書にしか記述がないような事項は，試験にほとんど出題されていないと思われます．

　なお，書籍・文献につきましては，指定されていないものも含めて巻末の「参考文献」を参照して下さい．

## 2.3 試験の形式と試験時間からの考察

　アクチュアリー試験「生保数理」の試験形式は，以下の通りです．形式は予告なく変わります．

**■試験形式**　現在はすべてマークシート方式[1] であり，平成29年度生保数理では以下のとおりでした．（形式・配点は，年度により変更があります．）

| 項目 | 出題数 | 配点 |
|------|--------|------|
| 小問 | 8問 | 40点（1問5点） |
| 中問 | 6問 | 42点（1問7点） |
| 大問 | 2問 | 18点（1問9点） |
| 合計 | 16問 | 100点 |

**■合格点**　原則として60点です．相対評価ではなく，合格点に達していれば全員合格となります．

**■試験時間**　180分です．

　小問・中問あわせて14問を1問10分で解くとすると，それだけで140分かかり，残りを大問1問15分ずつとして，10分を見直しに配分すると，ちょうど180分となります．

　小問・中問の中には計算量の多い問題や未出問題などが入ってくることもありますが，可能な限り早く解けるように訓練を重ねる必要があります．多くの過去問を解くことにより，計算量を判断し，他の問題に注力すべきかどうかといった感覚を持てると思います．大問は難問もありますが，基本的な知識で解ける問題も出てくるので，しっかり時間を確保し，解けるところまで解く，という割り切りも必要です．

　仮に小問5問と中問4問を解けたとして，大問がそれぞれ4点ずつ解けたとすれば，合格点を突破できます．演習を積み重ねて，計算スピード，解答

---

[1] 2022年度からCBTが導入されましたが，多肢選択方式に変わりはありません．

スピードを引き上げ，過去20年程度の過去問を，2時間で90点以上コンスタントに取れるように練習を積み重ねていきましょう．

## 2.4 アクチュアリー試験「生保数理」の沿革

平成10年度　「保険数学」が選択問題および穴埋め問題のみとなる

平成11年度　「保険数学」における選択肢の増加

平成12年度　「保険数学I」，「保険数学II」を「生保数理」に一本化

平成19年度　マークシート方式の導入

平成21年度　合格基準点の設定

2022年度　　CBTの導入

# ■第3章

# 初学者のための「生保数理」受験ガイダンス

　本書は，アクチュアリー試験「生保数理」を初受験される方で，しかも数学自体，大学であまり勉強していない，という方でも読み進められることを想定して書いています.

　数学に合格された方，またはかなり勉強ができる方にとっては，基本的な数学の知識をおさらいすることなく，教科書を読み進めていくことができると思います.

　生保数理の勉強を進めていくにあたって，高度な数学の知識はほとんど不要です.まずは，生保数理を勉強するにあたって，付録の「生保数理のための数学基礎公式集」をご覧ください.こちらに出てくる数学の公式がわかればほとんど問題ないでしょう.仮にまったくわからない，という場合は，教科書を読み進めていくにあたり，やや時間がかかると思います.

　「生保数理のための数学基礎公式集」は，ほとんど大学数学以前の簡単なものです.どうしても復習してから臨みたい場合は，高校数学のわかりやすい参考書で，「生保数理のための数学基礎公式集」に出てくるパートのみを軽くおさらいしてから始めるとよいでしょう.実際，私自身数学科出身ではありませんが，数学より先に生保数理に合格しています.生保数理の勉強を進めつつ，数学の基本公式を，本書を活用して思い出しながら進めていくことでも十分だと思います.

**18    第3章 初学者のための「生保数理」受験ガイダンス**

## 3.1 1年間のスケジュール

2月中旬に勉強を開始し，12月の本番を迎える想定で，仮に1日1時間勉強すると約300時間，1.5時間勉強すると約450時間もあります．人によって組み立てが変わると思いますが，以下のステップで進めていきましょう．

期の途中から勉強を開始される場合は，試験までの残り日数と自分の理解速度，習熟速度に照らして適宜間引きしながら進めていく必要があります．

生保数理は，教科書がオーソドックスながら，かなりしっかりしています．そして練習問題も豊富です．逆に，枝葉の部分に入り込んで全体をつかむのに遅くなってしまうこともありえます．

勉強の順番としては以下をお勧めします．

① 教科書 深度A（理解は浅くてよい）
② 本書（公式集＋必須問題集）
③ 過去問（最低でも20年分）
④ 教科書 深度B（深度Aの復習，Aの時には理解ができていなかった項目や証明問題も含めて）

### 3.1.1 教科書の勉強の進め方（深度A，深度B）

こちらについては，西林さんが長年の生保数理を指導する過程の中で培われてきた進め方で勉強されることをお勧めします．

深度Aでは，あっさりでも早く一通りの学習すべき項目の理解を進めていきましょう．この時点では教科書の練習問題への取り組みもあっさりでよいと思います．なぜなら，過去問を通して理解を進めていく方が効率的だからです．過去問でよく出る形式，パターンを十分に習得した上で教科書に立ち返り，深度Bとして，証明問題も含めて習熟を進めていくとよいと思います．

### オススメの参考書活用法

　教科書および本書の習熟と順番で進めていくにはバッチリですが，本書は，公式および最低限の問題集を厳選して制作しているため，どうしても個々の公式や定理の説明について十分とは言えません．

　私が初学者として臨んだ時も，教科書を読んでも過去問の模範解答を見てもよくわからなかったときに，世に出ている様々な参考書に大いに助けられました．著者によってアプローチが違ったり，説明の仕方が変わるだけで，教科書では理解できなかったものが，すーっと腹に落ちたりすることもあります．

　ですので，私は合格するために手段を選びませんでしたから，参考書はすべて買って，必要に応じて使い分けをしていました．

　本気で合格をしたい場合は，これらの参考書を入手するのに躊躇してはいけません．もともと大量発行を前提としていないため，絶版になって手に入らない良書があったりするからです．

　数学について十分理解できていないと，かえって理解が難しいかもしれませんが，数学に慣れた方にとっては，違ったアプローチからの理解ができると思われます．

■『**生命保険数学の基礎 第二版**』　本書の監修をいただいている山内恒人先生の著書です．

　著書の「はじめに」のなかの「生命保険数学は元来数値計算を前提とした数学であり，契約と負債の表現に供する数学である．また生命保険契約は半世紀を優に超す場合もあり，時代や言語はては政治体制すらも越えて理解しあえる記号群と計算方式が求められ，先人達の努力が重ねられてきた．本書はこのような歴史をふまえ，100 年以上の風雪に耐えたこれら記号群と計算方式の堅牢さと柔軟さを説くものである．若いアクチュアリー達が基本的言語を体得し実力の涵養を目指すための最高の基本書たらんことを目指したと言ってはばかるところはない」という記述もわかるとおり，山内先生の想いの詰まった一冊となっています．生命保険会社を複数立ち上げてきたベテラ

**20**　第3章　初学者のための「生保数理」受験ガイダンス

ンアクチュアリーの実務的思考も合わせて学べる名著と思います．

　2009年に初版を刊行後，第2版が出版され，より一層充実した内容になっています．生保アクチュアリーの実務家は手元に置いておきたい一冊と言えます．

■『生命保険数理』（アクチュアリー数学シリーズ5）　日本大学で生命保険数理などアクチュアリー保険数学を教えられている黒田耕嗣先生の著書です．

　黒田先生の著書で，現在絶版になっている『生命年金数理〈1〉理論編』（培風館）にお世話になった方も多いと思います．基礎的な数学で記述されており，初学者が教科書以外で理解を得るには，オススメできる本だと思います．

　特にオススメなのは，アクチュアリーによる座談会です．生保アクチュアリーの実際の業務のイメージなどをつかむのに非常によいでしょう．

■『アクチュアリーのための生命保険数学入門』　試験要領で指定されている参考書です．まずは購入しましょう．「出題範囲は教科書に限ります．参考書は教科書理解の一助としてご活用ください」と断り書きがあるため，参考書のみに記載している事項は出題されることはありません．

## 3.2　西林式「生保数理」攻略法

### 3.2.1　教科書の読み方

**頻出事項**

　近年，アクチュアリーの仕事は多岐にわたっていますが，伝統的なアクチュアリーの仕事としては，「商品開発（営業保険料）」，「決算（責任準備金）」，「決算（配当）」の3つが挙げられます．このうち，「決算（配当）」については，最近，無配当の商品が増えてきたことなどから，生保数理の出題

範囲から除外されています[*1].

　したがって，残る2つの仕事に関係する営業保険料および責任準備金が，アクチュアリーとして必ず理解しなければならない事項であり，実際，試験でも頻出事項となっています.

　このため，教科書を読む場合は，これら2つの事項を最初に理解するように努めることが合格への近道となります.

## 読む順序

　生命保険の営業保険料は，通常，3つの計算基礎（予定死亡率[*2]，予定利率，予定事業費率）に基づき計算されます.

　このうち，予定死亡率は第2章，予定利率は第1章，予定事業費率は第7章で登場します.

　また，営業保険料は純保険料と付加保険料から構成されますが，伝統的な単生命保険[*3]（養老保険，定期保険，終身保険，個人年金保険など）の純保険料は第4章で登場します.

　さらに，伝統的な連生保険[*4]（こども保険（学資保険）など）の純保険料は第12章で，就業不能保険（介護保険）の純保険料は第13章で，医療保険（入院保険など）の純保険料は第14章で登場します[*5].

　したがって，初めて教科書を読まれる場合は，第1章→第2章→第4章→第7章の順序で読んで頂ければ，伝統的な単生命保険の営業保険料が効率よ

---

[*1] [教科書]（下巻）の「第10章 剰余の分析」および「第11章 剰余の還元」が対応します.
[*2] 予定入院発生率や予定解約率などを使用する場合もあります.
[*3] 被保険者が1人の場合の生命保険です.（連生保険に対応して）単生保険ともいいます.
[*4] 被保険者が2人以上の場合の生命保険です.例えば，こども保険（学資保険）は，通常，親と子供が被保険者となります.
[*5] 第12章，第13章および第14章では付加保険料が明記されていないこともあり，付加保険料を考慮しない前提で出題されることが多いようです.ただし，平成22年度の問題1(10)は，連生保険の付加保険料を一時払純保険料の6.5%としています（本問は営業保険料を返還するため，付加保険料を設定する必要があります）.

く理解できるでしょう*6.

　一方，責任準備金については，第5章で純保険料式責任準備金，第8章でチルメル式責任準備金および調整純保険料式責任準備金などが登場しますが，責任準備金と営業保険料は密接な関係がありますので，営業保険料を十分理解した上で責任準備金を理解するのがよいと思います.

　なお，第3章の脱退残存表は，第13章の就業不能保険と密接な関係がありますので，第3章と第13章を並行して読まれることをおすすめします*7.

　また，生命保険の解約返戻金は第9章で登場しますが，解約返戻金と責任準備金は密接な関係がありますので，責任準備金を十分理解した上で解約返戻金を理解するのがよいと思います.

### 練習問題の解き方

　平成19年度からマークシート方式が導入されましたので，いわゆる「証明問題」の出題可能性は低いと考えられます．したがって，[教科書]の練習問題は「計算問題」から始めるのがよいと思います.

　ただし，練習問題の「証明問題」がそのまま出題される*8 こともありますので，試験当日までには，「証明問題」を含めた練習問題に一通り目を通しておくのがよいと思います.

　なお，教科書の内容を理解した上で練習問題に取り組むというやり方が一般的かもしれませんが，練習問題および解答を先に読みながら，教科書の内容を理解するというやり方もあります．特に，勉強時間がなかなか確保できない方には，効果的かもしれません.

---

*6「保険料払込が年払」，「死亡保険金が期末（年度末）払」，「保険種類が養老保険」という3つの条件に絞り込んで教科書を読めば，さらに効率的に営業保険料が理解できるでしょう.

*7 [教科書]（上巻）の最後の章である「第6章 計算基礎の変更」は特殊な話題であり，これまでの出題頻度も低いため，後回しにされた方がよいと思います.

*8 たとえば，平成19年度の問題1(3) は，[教科書]（上巻）p.203の練習問題 (13) と同じです.

## 3.2 西林式「生保数理」攻略法 **23**

いずれにせよ，出題パターンはある程度決まっていますので，解き方を覚えてしまうことが合格の近道です．解答（の流れ）を覚えるくらいの気持ちで臨めばよいでしょう．

### 特に習熟すべき頻出公式

以下の 3 つの公式は，ほぼ毎年出題されています．

$$_tp_x = \exp\left(-\int_0^t \mu_{x+s}ds\right) \qquad \cdots\cdots \text{p.60 公式 (5.55)}$$

$$A_{x:\overline{n}|} = 1 - d\ddot{a}_{x:\overline{n}|} \qquad \cdots\cdots \text{p.78 公式 (5.185)}$$

$$_tV_{x:\overline{n}|} = 1 - \frac{\ddot{a}_{x+t:\overline{n-t}|}}{\ddot{a}_{x:\overline{n}|}} \qquad \cdots\cdots \text{p.84 公式 (6.13)}$$

特に，公式を丸暗記するのではなく，その公式の導き方や解答の中での使い方を理解しておくことが重要です．

例えば，$A_{x:\overline{n}|} = 1 - d\ddot{a}_{x:\overline{n}|}$ について，右辺にある $d$ および $\ddot{a}_{x:\overline{n}|}$ の値を問題文で与えて，左辺の $A_{x:\overline{n}|}$ を求めるというような「単純な問題」はあまり出題されません．その代わり，$A_{x:\overline{n}|}$ および $\ddot{a}_{x:\overline{n}|}$ の値を問題文で与えて，$A_{x:\overline{n}|} = 1 - d\ddot{a}_{x:\overline{n}|}$ を変形して $d$ の値を求めてから，別の公式（例えば $i = \dfrac{d}{1-d}$）を用いて，予定利率 $i$ を求めるような，"別の公式と組み合わせて解く"パターンがよく出題されます．

おそらく，[教科書] の内容を"網羅的に"理解しているかどうかを受験生に問う狙いがあるものと思われます．

また，頻出公式のうち，$_tp_x = \exp\left(-\int_0^t \mu_{x+s}ds\right)$ については，右辺の指数部分にあるマイナスの記号をつけ忘れることもあります．これは，公式の意味を理解せずに丸暗記しているために起こる事象です．左辺の $t$ を変数と考えれば，$t$ が大きくなるほど，左辺の生存率は「小さく」なりますので，右辺の指数関数も「右下がり」のグラフとなり，（指数関数の底である自然対数 $e$ が 1 より大きいため）指数部分にマイナスが必要という仕組みになります．

**24**　第3章　初学者のための「生保数理」受験ガイダンス

## [教科書] にない公式

[教科書] に明記されていませんが，以下の関係式はこれまで複数回登場していますので，意味を考えながら覚えておくとよいでしょう．

「定常社会における平均年齢」　$\dfrac{\displaystyle\int_0^\omega x \cdot l_x dx}{\displaystyle\int_0^\omega l_x dx}$　……p.63 公式 (5.75)

「就業不能生存率の連続的表現[*9]」

$$_t p_x^{ai} = \int_0^t {}_s p_x^{aa} \mu_{x+s}^{ai} \cdot {}_{t-s} p_{x+s}^i ds$$　……p.107 公式 (7.105)

### 3.2.2　[教科書] の各章の概要

以下，[教科書] の各章の内容を簡単に記載します．なお，試験の出題範囲外の章を含みますので，日本アクチュアリー会から公表される「資格試験要領」も併せてご確認ください．

### 第1章 利息の計算

生命保険料の営業保険料は，通常，3つの計算基礎（予定死亡率，予定利率，予定事業費率）にもとづき計算されますが，第1章は予定利率に焦点を当てています．

予定利率は金利の一種ですので，予定利率のみを考えた場合の保険料・保険金は，銀行預金の受入・払出，あるいは，住宅ローンなどの貸付・返済と類似しています．

第1章において，保険料，保険金および責任準備金という用語が登場します．これは，生命保険会社において，予定死亡率をゼロとした場合の概念と

---

[*10] [教科書]（下巻）p.158 には，就業不能生存率の離散的表現 $_t p_x^{ai} = \dfrac{1}{l_x^{aa}}\left(l_{x+t}^{ii} - l_x^{ii} {}_t p_x^i\right)$
が登場します．

一致します．つまり，第1章は銀行業務における数理計算を説明していることになります．

## 第2章 生命表および生命関数

営業保険料の計算基礎のうち，第2章は予定死亡率に焦点を当てていますが，平均余命，定常状態，死力および死亡法則など，頻出事項の宝庫です．

なお，§3近似多項式（p.50〜）および§6生命表が表わす開集団（p. 70〜）は，保険料年払の営業保険料には登場しませんので，難しいと感じる場合には，後回しでも構いません．

## 第3章 脱退残存表

通常の生命表では「死亡」という原因で生存者集団（主たる集団）から「脱退」しますが，脱退原因が複数（例：死亡と解約）となる場合に，生命表に対応する「脱退残存表」が登場します．ただし，伝統的な単生命保険の営業保険料には，「脱退残存表」は使用しませんので，[教科書]を初めて読まれる方は，この章を飛ばして，第4章に進むとよいでしょう．

なお，この章は第13章と密接な関係がありますので，この章を読まれる場合は第13章と並行して読むことをおすすめします．

## 第4章 純保険料

[教科書]（上巻）で最も長いページの章で，営業保険料を考える場合の中心的役割を果たす純保険料についての章です．

保険料の払方については，一時払，年払および分割払（例：月払など）が登場しますが，出題傾向としては年払が多いことから，もし，分割払が難しいと感じる場合は後回しにして，第7章の営業保険料に進むとよいでしょう．

なお，実務ではあまり利用しないと思いますが，保険料の払方について連続払というものも登場します．これは，分割払で転化回数$(k)$を無限大にしたものですので，分割払とともに学習するとよいでしょう．

**26**　第3章　初学者のための「生保数理」受験ガイダンス

### 第5章 責任準備金（純保険料式）

　営業保険料の章よりも先に，責任準備金の章が登場することに戸惑うかもしれませんが，第4章で登場する純保険料の概念を利用すれば，責任準備金の計算方式の1つである純保険料式責任準備金が計算できます．

　将来法，過去法，責任準備金の再帰式，保険料の分解（危険保険料，貯蓄保険料）など，第2章と同様に頻出事項の宝庫です．

　なお，マークシート方式が導入される以前は，責任準備金の将来法と過去法が一致することを証明する問題が頻出していましたが，マークシート方式導入後は，出題頻度が減りました．ただ，当該事項は平成22年問題4でも登場していますので，責任準備金の将来法と過去法の一致は，引き続き，押さえておくべき事項の1つといえます．

### 第6章 計算基礎の変更

　[教科書] にも記載されていますが，初めて [教科書] を読まれる方は後回しにした方がよいでしょう．なお，平成24年問題1(7)で，予定死亡率および予定利率を変更する問題が出題されていますが，第4章までの知識で解くことができます．

### 第7章 営業保険料

　第4章で登場した純保険料に，付加保険料の概念を追加して営業保険料が登場します．

　なお，死亡時などに既払込営業保険料を返還する場合，純保険料を計算する段階で営業保険料が登場しますので注意が必要です．

　さらに，この章の練習問題には個人年金保険，特に，年金原資の概念が初登場しますので，注意してください．

### 第8章 実務上の責任準備金

　タイトルに「実務上の」とありますが，これは3つの意味を含んでいます．

1つ目は,（開業間もない会社で利用されることが多い）チルメル式責任準備金の意味.

2つ目は,平準純保険料式責任準備金を積み立てている会社でも,実際には,保険料払込期間満了後の付加保険料（例：$\gamma'$ など）に対応する責任準備金も併せて積み立てる意味.

3つ目は,第9章で登場する解約返戻金はチルメル式責任準備金を参考にしている意味.

なお,チルメル式責任準備金（特に,初年度定期式責任準備金）は頻出事項です.

## 第9章 解約その他諸変更に伴う計算

生命保険契約は,通常,いつでも（将来に向かって）解約することができ[10],その際,保険契約者に解約返戻金（解約払戻金）が支払われます.

この解約返戻金は（調整純保険料式）責任準備金から「解約控除」と呼ばれる一種の「ペナルティ」を差し引いたもの[11] として計算されます.

また,「保険料払込を停止すると同時に保障は継続したい」というニーズに対応するために,解約返戻金を一時払営業保険料と考えて,「払済保険の保険金額」や「延長保険の保険期間」などを計算します.払済保険および延長保険は,ほぼ毎年出題されている頻出事項ですが,特に,延長保険の生存保険金額を求める場合は計算量が多くなりますので,計算力も身につけておきたいところです.

さらに,転換制度（保険契約の下取り）では,解約返戻金の代わりに責任準備金を用いることが一般的です.

---

[10] 個人年金保険の年金開始後のように,解約が制限される場合もあります.

[11] 現在は,標準責任準備金制度が導入されていますので,厳密には,保険料計算基礎に基づき計算された保険料積立金から解約控除を差し引いたものが解約返戻金となります.なお,生保数理の[教科書]には標準責任準備金制度は登場しません（2次試験では登場します）.

**28**　第3章　初学者のための「生保数理」受験ガイダンス

　なお，解約返戻金を担保にして生命保険会社からお金を借りることができ
ますがこれを「契約者貸付」と呼んでいます．お金を借りるわけですから，
借入金利（借金の利息）が設定されますので，この借入金利を求める問題な
どが出題されます．

　いずれにせよ，第9章は生命保険の制度と密接な関係がありますので，こ
れらの制度の仕組みも併せて理解することが重要になります．

## 第10章 剰余の分析

　試験範囲外です．

## 第11章 剰余の還元

　試験範囲外です．

## 第12章 連合生命に関する生命保険および年金

　被保険者が2人以上の場合の生命保険（例：こども保険（学資保険）など）
が登場します．

　連生保険では，保険金支払い原因（支払事由）の発生時期は（少なくとも）
2種類存在することに注意してください．

　例えば，被保険者が2人の場合，「どちらか一方が先に死亡した場合」ま
たは「2人とも死亡した場合」の2種類があります．[教科書] では，前者を
「連生保険」，後者を「最終生存者連生保険」と区別しています．

## 第13章 就業不能（または要介護）に対する諸給付

　第3章で登場した脱退残存表を用いた生命保険（例：就業不能保険など）
が登場します．脱退原因は複数（例：死亡および就業不能など）ありますが，
被保険者は1名であることに注意してください*12．

---

*12　理論上，被保険者が2名以上（例：連生就業不能保険など）も考えることができま
　　すが，[教科書] に登場しないため，出題可能性は低いと考えられます．ただし，就業者
　　が就業不能状態になった場合に，就業者の配偶者に給付を行う事例は [教科書] に登場

また，主集団（例：就業不能保険における就業者集団など）以外に，副集団（例：就業不能保険における就業不能者集団など）に対する保険金支払い（例：就業不能年金など）を考えるため，記号の右上に，$i$ が 1 つのもの（例：$q_x^i$ など）と，$i$ が 2 つのもの（例：$q_x^{ii}$ など）が登場しますので注意してください．通常，$i$ が 1 つのものは「生命表」で，また，$i$ が 2 つのものは「脱退残存表」で登場します．

なお，責任準備金を考える場合は，主集団と副集団を区別して考えることが一般的ですが，試験では問題文の指示に従ってください[*13]．

## 第 14 章 災害および疾病に関する保険

災害死亡保険や入院保険など，いわゆる第三分野保険[*14] が登場します．

このうち，災害死亡保険金は保険金の支払事由としての死亡原因を災害に限定した定期保険と考えることができますので，保険料計算基礎としては，予定災害死亡率が必要となります．

一方，入院保険の場合，保険金（入院給付金）の支払事由は「（一定日数以上の）入院をしたこと」ですが，保険金の計算のためには，実際に入院した日数も必要となります．

つまり，「入院発生率」および「平均入院（給付[*15]）日数」という 2 つの保険料計算基礎が登場する点が，入院保険の特徴です．

なお，災害死亡保険や入院保険の場合，通常，保険料の払込は（災害以外を含めた）死亡するまで行われますので，保険料計算基礎としては予定死亡

---

します（[教科書]（下巻）p.173 など）．

[*13] たとえば，平成 19 年問題 4，平成 16 年問題 5 では，就業者と就業不能者の責任準備金が区別されています．

[*14] 第三分野保険には「がん保険」が含まれますが，がん保険では，「死亡」以外に「がんにかかったこと（罹患したこと）」も保険金の支払事由に該当するため，第 13 章の内容も関係します．

[*15] たとえば 5 日以上の入院に対して 4 日分を控除した日数分を給付する場合，入院日数と給付日数が異なります（この場合，4 日間を「不担保期間」（免責日数ともいう）と呼ぶことがあります）．

**30**　第3章　初学者のための「生保数理」受験ガイダンス

率も必要となります[16].

### 第15章 団体定期保険

試験範囲外です.

### 第16章 退職年金保険

試験範囲外です.

### 3.2.3 公式集・必須問題集への取り組み

　基礎的事項が固まってきたら,本書の公式集,必須問題集に取り組みます.公式集だけを眺めても覚えにくいため,必須問題集を解く過程で,公式集を適宜参照しながら公式と解き方をセットで理解していきましょう.

　特に,公式集に記載のものなどはすぐに出てこないと問題を解く際に時間がかかります.別途,暗記カードなどに自分でまとめを作って,通勤・通学時に別途覚える時間を作りましょう.

　必須問題集は過去問の小問・中間レベルでそろえています.1問あたり10分以内,慣れてくれば5分程度で間違えずに解答ができるよう,何度も練習し,身に付けていきましょう.

　この必須問題集はまったく無駄なく作っています.合格のための最低限だと思ってください.解けなければ,合格がありえない,くらいの感じです.過去問の中でも,頻出度・重要度を考慮して特徴的なものを抽出しました.

### 3.2.4 過去問への取り組み

　避けては通れないのが,過去問です.過去問だけでは合格できませんが,過去問を一切やらないで合格するのもまた難しいでしょう.日本アクチュアリー会のウェブサイトから,可能な限り過去問をダウンロードして,チャレ

---

[16] 例えば,死亡時に責任準備金(保険料積立金)を給付する場合は,予定死亡率を用いないこともあります.

ンジしてみましょう.

　難易度が変動するので何とも言えませんが，合格ラインを目指すのであれば，20年分くらいをめどに，どの年の問題においても2時間で90点以上という水準を目指せば，合格に近づくと思います.「5年分や，10年分で足りますか」，という質問をよく受けますが，生保数理の出題パターンは多く，10年分くらいでは一通り出ていない，ということになります.

　そのため，20年分の過去問を完全に押さえても50点台，くらいに思っておいたほうがいいと思います.残りは，未出問題や新傾向問題が出るということです.こちらの備えをしていないと，結局ぎりぎりで落ちる，ということを繰り返すことになります.

### 3.2.5　教科書へのさらなる取り組み＝未出問題・大問対策

　過去問を先に取り組むのは問題の形式やレベル感で，どういったものが出題されているのかを，自身が把握するためです.一方，本来，一次試験は，教科書が試験範囲とあるので，時間のある限り教科書の練習問題に取り組んでいきましょう.その過程で，練習問題にある問題で，多少変えて試験問題にも似たような問題が出題されているのを見つけることができるでしょう.

　そうやって慣れてくると，過去出題されていない練習問題や，教科書の証明などが，形を変えて出題されることがある，ということです.もちろん完全なオリジナルの問題も数多く出題されますが，過去問だけでは30点から40点分と覚悟して，教科書の練習問題・証明等から未出の問題を見つけて，自分なりに対策をしておく必要があります.

　この作業が十分でないと，何度もぎりぎりで不合格ということを繰り返す羽目になります.

　さて，下記は，大問クラスの過去問において，教科書に近い記述があるかどうかを示したまとめです.少なくとも出題されたことのある教科書部分は重要度も高いので，しっかり理解し，得意問題にしておくべきと思います.

**32**　第3章　初学者のための「生保数理」受験ガイダンス

## 過去問（大問）⇔ 教科書 対照表〈平成12年度以降〉

　平成12年以降，科目名が保険数学I,II から生保数理に代わり，出題範囲も変更となったので，平成12年以降のものをまとめて対照表を作成しました．教科書に近いものを見つけられなかった問題は「オリジナル」と記載しました．（あくまでも著者の主観によるものです．）

● 平成29年
3(1) 純保険料 参考：上巻 p.134, 255
3(2) 責任準備金（純保険料式）上巻 p.202, 285

● 平成28年
3(1) 純保険料 上巻 p.142〜
3(2) 連合生命に関する生命保険および年金 参考：上巻 p.133, 253, 下巻 p.107, 110

● 平成27年
3(1) 純保険料 上巻 p.161, 263, 264
3(2) 連合生命に関する生命保険および年金 下巻 p.148, 281

● 平成26年
3(1) 基礎率の変更 該当なし（平成4年度（保険数学2）問題2と同じ問題）
3(2) 責任準備金（純保険料式）オリジナル

● 平成25年
2(1) 純保険料 オリジナル
2(2) 連合生命に関する生命保険および年金 p.119, 266

● 平成24年
2(1) 純保険料 参考：上巻 p.134, 255
2(2) 連合生命に関する生命保険および年金 参考：下巻 p.145, 278

3.2 西林式「生保数理」攻略法 **33**

- 平成 23 年

2 連合生命に関する生命保険および年金 ：下巻 p. 132, 271

- 平成 22 年

3(1) 責任準備金（純保険料式）参考：上巻 p. 202, 285

3(2) 純保険料 上巻 p. 142

4 連合生命に関する生命保険および年金 オリジナル

- 平成 21 年

3 基礎率の変更 オリジナル

4 連合生命に関する生命保険および年金 オリジナル

- 平成 20 年

2 責任準備金（純保険料式）参考：p. 204, 290（←平成 26 年 3(2) の類題）オリジナル

3 連合生命に関する生命保険および年金 参考：下巻 p. 130, 270

4 就業不能（または要介護）に対する諸給付 オリジナル

- 平成 19 年

2 純保険料 オリジナル

3 営業保険料 オリジナル

4 就業不能（または要介護）に対する諸給付 オリジナル

- 平成 18 年

2 基礎率の変更 オリジナル

3 連合生命 オリジナル

4 就業不能（または要介護）に対する諸給付 下巻 p. 175, 286

5 解約その他諸変更に伴う計算 オリジナル

**34** 第3章 初学者のための「生保数理」受験ガイダンス

● 平成 17 年

4 実務上の責任準備金 参考 下巻 14, 15

5(1) 連合生命に関する生命保険および年金 下巻 p. 148, 283

5(2) 連合生命に関する生命保険および年金 オリジナル


● 平成 16 年

4 純保険料 参考 上巻 p. 204, 290

5 解約その他諸変更に伴う計算 オリジナル


● 平成 15 年

2(1) 純保険料 オリジナル

(2) 就業不能（または要介護）に対する諸給付 オリジナル

3 就業不能（または要介護）に対する諸給付 オリジナル

4(1) 責任準備金（純保険料式）上巻 p. 204, 290

(2) 純保険料 上巻 p. 161, 264


● 平成 14 年

3 連合生命に関する生命保険および年金 参考：下巻 p. 145, 278

4 解約その他諸変更に伴う計算 参考：下巻 p. 176, 288


● 平成 13 年

4(1) 責任準備金（純保険料式）オリジナル

(2) 責任準備金（純保険料式）該当なし

5 連合生命に関する生命保険および年金 オリジナル


● 平成 12 年

2 脱退残存表 オリジナル

3 連合生命に関する生命保険および年金 オリジナル

4 就業不能（または要介護）に対する諸給付 参考 下巻 p. 164, 176, 286

※ティーレの微分方程式の出題は平成 29 年 3(2) と平成 22 年 3(1) の 2 回

上記は，平成 12 年度までまとめましたが，近年平成一桁台の時期の過去問をまるまる出題されるケースもあるため，こちらも時間の限り，一通り解いて準備をしておくことをお勧めします．

## 3.3　よくある質問

これまででアクチュアリー試験の合格を目指そうという方に対するアドバイスはおおむね網羅していますが，そのほかよくある質問についてお答えします．

### Q1. いつから勉強したらよいのか，今年の試験に間に合うのか

数学ができる方でも，生保数理の記号にとっつきにくさを感じる方もいるようです．

一般論として，9 月末くらいまでには一通りの範囲の勉強を終え，10 月以降は総合的な演習でアウトプットする訓練をしていくことをお勧めしています．10 月以降の勉強時間をたっぷり確保できるのであれば，夏ぐらいから短期集中での合格も十分可能と思います．

もっとも，この本を手に取った瞬間から始めるに越したことはありません．勉強開始するなら「今でしょ」(笑)．

### Q2. 学習時間はどのくらい必要なのか

人によりけりと思います．

数学が得意であれば，200 時間から 250 時間くらい，という話を聞いたことがあります．ただ初学者の場合，中級レベルに達するまで，どの程度かか

**36**　第3章　初学者のための「生保数理」受験ガイダンス

るかをさらに加える必要があります．これが意外と簡単ではなかったりする
のですが，少なく見積もって100時間，多く見積もって200時間から250時
間見積もっておくとよいと思います．それだけ初級者はちょっとしたことで
悩み，つまずき，多くの時間を取られます．

## Q3. 申し込んだけど結局勉強が進まなかったときに，受験しないで他の科目に注力すべきか

　生保数理や他の科目の学習状況によりますが，少しでも生保数理の勉強を
進めていて，受験の申し込みをされたのであれば，ちゃんと受験されること
をお勧めします．

　たとえば，勉強の時間配分を生保数理について減らし，本書の必須問題
集のみ全範囲やって備えておくなど，最低限の準備をします．そのうえで，
3時間の試験本番に挑みましょう（これだけで合格できるわけではありま
せん）．

　練習と本番とではかなり差があります．特定の環境下で，何も見ないで，
その時点で自分の持ちうる知識を総合して，初めて見る問題を解くことは非
常に有益です．受からないとわかっていても取り組む価値があります．その
状態で実際に何問解けるのか，チャレンジしましょう．

　また，わからないなりにも選択肢を絞り込んで，選ぶ訓練もしましょう．
範囲の関係からありえない選択肢だったり，実際に数字を代入してみて，こ
れはないな，というものを除外して選択肢を絞り込んでみましょう．

　難易度が低い年の場合，十分な学習ができなかったとしても合格できる可
能性があります．そんなときに，実際に受験していなければ，もったいない
ことになります．準備状況によらず，経験を積むためにも，受験されること
をお勧めします．

## 3.3 よくある質問　**37**

**Q4.** 生保数理の [教科書]，過去問の記述が理解できなくて先に進まない時はどうすればよいか

　なぜこの式変形ができるのか，なぜここでこうなるのかがわからないと自力で問題を解くことはできません．ですので，教科書・参考書・アクチュアリー受験研究会など，あらゆる情報を駆使して，自分で理解できるようにしなければなりません．

　一方で，ものすごく難易度の高い定理の証明に詰まっていたり，公式の理解ができない，などで悩んで先に進めなくなってしまうことが初学者には多いです．あなたの目的が「アクチュアリー試験『生保数理』に合格する」ということであれば，わからないところを飛ばしてどんどん全範囲の勉強を進めていったほうがいいです．

　「生保数理」の過去問には，ちょっとした公式を覚えるだけで解けるものもあります．また，生保数理の解法は 1 つではなく，いろいろな方法があるので，理解できない方法であれば，ほかの手はないか，時間を短縮できる方法はないか，を模索してみるといいと思います．

　実際の試験に出そうにないところではまってしまうのは時間的にもったいないです．合格した後ゆっくり考えましょう．

**Q5.** 公式集の公式はすべて覚えた方がよいですか

　単刀直入にいうと，覚えたほうがいいです．覚えなくて済む公式もあります．ただ，単純に覚えるというよりも，実際の問題に接しながら，各種公式が身に付くように演習をしていくといいと思います．

　ただ，丸暗記はだめです．繰り返し練習していった結果，必然的に知っているという状態（自然暗記！）を目指しましょう．

## 3.4 モチベーション維持法・疑問点解消法

いろいろありますが，以下の本をご紹介します．

■『すべては統計にまかせなさい』　アクチュアリー受験研究会の顧問，藤澤陽介氏の本です．藤澤氏は国際的に活躍するアクチュアリーの1人で，会をリードしていただいています．次世代を担うアクチュアリーを目指す若者が，アクチュアリーになりたい！　とモチベーションを高めるにはばっちりの1冊です．

■『アクチュアリー数学入門』（アクチュアリー数学シリーズ）　日本アクチュアリー会を代表する先生方の共著作です．アクチュアリー試験の1次試験それぞれの科目のエッセンスが紹介されており，こんな感じ，というのが全般的にわかる珍しい本だと思います．

アクチュアリーの方による座談会が載っていて，アクチュアリーの業務であるとか，本音であるとかがわかり，学生の方や，他業界からアクチュアリーを目指す方には大変参考になるであろうと思います．

## 3.5 アクチュアリー受験研究会の活用

この本のベースとなったアクチュアリー受験研究会をぜひともご活用ください．

「受験生の道具箱」には科目ごとに有用な情報が詰まっており，数百件を超える情報（公式集，ワークブック，分析，暗記カードなど）があり，日々進化を続けています．

首都圏では月に1回，勉強会を実施しています．同じ科目を勉強する仲間が集まり，切磋琢磨しますので，「自分も頑張ろう」というモチベーションが非常に高まります．1次試験や2次試験だけでなく，CERA試験（準会員，正会員のみ受験可の統合的リスク管理関連の試験）についても勉強会をやっています．勉強会後の懇親会には多数の準会員，正会員が集まっており，日

頃の業務の話もじっくり聞くことができます．

　年間の勉強のペース配分にもアクチュアリー受験研究会は大いに有効です．生保数理試験はかなり範囲が広く，またやらなければならないことも多いため，月に1回，参加するだけでも，自分の勉強具合が進んでいるのか遅れているのかがよくわかります．ちなみに，首都圏勉強会での例年のカリキュラムは以下の通りです．

3月　年金基礎・保険基礎，純保険料・営業保険料，責任準備金(チルメル含む)

4月　利力・死力，累加・累減，確率論的表現

5月　ファクラーの再帰式，ティーレの微分方程式，保険基礎の変更

6月　確定年金，平均余命，定常状態

7月　解約，多重脱退

8月　就業不能・医療保険

9月　連生

10月　大問特集

11月　模擬試験

　首都圏勉強会は過去問中心に進むため，初学者には，はじめのうちはつらいと思います．それでも，いずれやらなければならないところなので，ひとまず参加していろんな過去問に触れるだけでも違うと思います．

　初学者向けには別途，月に1回，基礎勉強会を開催している場合があります．どんな基本的な質問でもOKで，それをみんなで解決していくというスタイルです．合格者が自習に来ることがありますので，だいたい解決できます．

　もちろん，掲示板に書き込んで解決することもできます．気軽にどんどんいろんな質問を書き込んでください．

## 3.6　試験直前の心得

　一例を示しましょう．11月にもなってくると，試験の過去問1年分を3時間かけて60点分くらいとれるようになってくると思います．そうなっていないと，進め方が遅かったと見ることもできますが，まだ間に合います．過去問を20年分，何も見ないで時間を計って解いてください．何度も言いますが，何も見ないで3時間掛けて解く訓練をしないと，本番での時間配分を作れなくなります．もちろん，この際，小問・中問はMAX10分，大問MAX15分で臨みます．

　実際には，3時間も毎日まとまった時間を取るのは難しいかもしれません．私は，試験が近くなると早めに家に帰るようにします．そうすると，2時間から3時間は掛けることが出来ました．2時間を集中して問題を解いて，答え合わせ，できなかった問題の練習，公式の再暗記などをしつつ…で，3時間経ってしまうでしょう．

　それでも苦しいかもしれませんが，だんだん解けるようになってくると楽しくなってくると思います．

　そして，試験直前の一週間は，できるだけ連休をとるなど集中した体制を取ることをお勧めします．試験直前まで仕事の悩みやストレスを抱えて臨むよりは，自ら集中できる環境，体制を作るとよいと思います．

　会員の中には，都内に住んでいるのにわざわざ前日は試験会場の近くのホテルに宿泊し，直前の時間を集中して過ごした，という方もいました．これは都内の場合，天候悪化や電車遅延のリスクを考えると，ある意味リスクを排除したアクチュアリーっぽいやり方かもしれませんね．

　ちなみに私の場合は，当日早く起きて，試験会場の近くのカフェに7時オープンと同時に入って，そこから2時間，9時まで最後の追い込みをしてから試験を受けました．

　これも電車遅延のリスクを排除する作戦の一つになりますし，最後の最後まで，あきらめず，追い込むということは重要です．本当に最後に見かけた

あの公式が出た！ ということだってよく聞く話です.

　あきらめないで挑戦を続けたものに勝利の女神は微笑んでくれると思います！

# ■第4章

# 特別寄稿「アクチュアリー受験生に求められる覚悟」

　以下は，山内恒人先生が，2017年の保険フォーラム（「公益財団法人 アジア生命保険振興センター」主催）にて，生命保険数学全般に関する思いを講話されたことの要旨です．すべてのアクチュアリー受験生の心にお届けしたいと思い，先生から特別に寄稿いただきました．（MAH）

## アクチュアリー受験生に求められる覚悟

山内恒人

### 生命保険がアクチュアリーを必要とする理由

　生命保険数学は「数学」という言葉が付いているので誤解もあるが，いわゆる数学ではなく，これは数学の基礎文法（加減乗除）を前提にした「言語」であり「文法」である．さながら小説を書くように保険商品を記述する方法を教えるものだと言ってよい．

　生命保険は実務なのでそこに供される生命保険数学は加減乗除の基礎文法

に従いながら，実務を記載したものなのである．保険料を計算し，責任準備金を計算し，解約価額を計算する，これらを記載した書面が行政認可を受けた「保険料及び責任準備金の算出方法書」である．これは，いつの時代でも誰が読んでも同じ解釈がなされなければならない．

　生命保険契約は契約期間の長さが尋常ではない．それがもしも終身保険であるならば，保険期間は100年を見据えたものとなり，更に，有効契約が一件でもあればその契約の為に開発当時と同じ数値が出力できるように，計算インフラを残しておかなければならないのである．

　したがって，10年後も100年後も保有する有効契約がある限り商品開発当時と全く同じ解釈で計算できる，ということを確実にしなければならない．このような切実な宿命に生命保険は応えるべく，アクチュアリーの養成が不可欠になる．すなわち，長きにわたり永続する生命保険契約について，数学の言語を用いて同一性を確保するために，生命保険の世界は文書や機械だけではなく「人（プロフェッショナル）」の養成を業務の一端に加えたのだと言って良かろう．

　100年後にあっても算出方法書を現代の人々と同じように読めるようにしておかねばならないのと同時に，70年以上前の戦前からある契約の算出方法書も開発当時の人々と同じ解釈になるように読めなければならないのである．その為には修練が必要だし，保険・年金業務を愛してくれて，長い歴史を担う自覚が必要となる．したがって，そのような歴史を担う覚悟の覚醒を促す試験がアクチュアリー試験だと私は理解している．その為，試験は，将来100年と過去100年を見渡したものであり，また正会員となったらその人達がこの業界にとどまってくれることを願うものでもある．それは単に学識だけではなく，仕事への愛情を試す試験だともいえるし，この業界に長くいてくれて，プロフェッショナルとして苦楽をともにできる根性を試す試験かもしれない．

## 記号の統一

　また，生命保険契約は長期にわたるので，時の政権が変わっても永続しな

$$l_x = \text{Number living at age } x \text{ according to the Mortality Table.}$$
$$d_x = \text{Number dying between the ages } x \text{ and } x+1.$$
$$p_x = \text{Probability that } (x) \text{ will live one year.}$$
$$q_x = \text{Probability that } (x) \text{ will die within the year.}$$
$$m_x = \text{``Central death rate'' for the year } x \text{ to } x+1, \; = \mu_{x+\frac{1}{2}} \text{ approximately.}$$
$$a_x = \text{Annuity, first payment at the end of a year, to continue during the life of } (x).$$
$$\mathbf{a}_x = \text{A similar annuity, first payment, however, to be made at once.}$$
$$a_{xyz} = \text{Annuity, first payment at the end of a year, to continue during the joint lives of } (x), (y), \text{ and } (z).$$
$$A_x = \text{Assurance payable at the end of the year of the death of } (x).$$
$$A_{xyz} = \text{Assurance payable at the end of the year of the failure of the joint lives, } (x), (y), \text{ and } (z).$$

**図 4.1** 1898年5月19日第2回国際アクチュアリー会議で決議された記号群の冒頭部分

ければならない．そこで考え出されたものが「記号の統一」である．現代の生命保険数学で用いられる記号は実は国際的な規約で出来ているものである．それは遡ること100年以上前（1898年5月19日）第2回国際アクチュアリー会議で決議された記号群である（図4.1参照）．

この記号の規約はこの後7ページに及んで記されており，これが20世紀直前に第2回国際アクチュアリー会議で決まったものである．これは，国境問題を抱えていた当時のヨーロッパにあって切実な課題であったが，記号の統一化によって国境の異動に依らずに生命保険契約を長く保持できる基盤ができたと言ってよかろう．このような国際規約によって「時間」と「空間」の両面において過去・現在・未来を確保する基盤が出来たので長期間にわたる契約が可能となったのである．

### 変更を許さぬ実務解釈

したがって，新しい解釈や考え方を徹底的に排除するのが生命保険数学の基本概念である．もしも，新しい考え方に基づく解釈や変更を許すと，契約の同一性が失われるからである．

生命保険制度の中核をなす行政文書「保険料及び責任準備金の算出方法

書」にあっては後からの変更を許してはならない．新しいことをしたければ将来の新商品についてそれを行うべきである．

ちまたでは，アクチュアリー教育は実務では使われないものがたくさん教えられ，またそれらが試験で問われるのでナンセンスだと仰る方もいるが，全く稚拙かつ浅薄な見解である．過去に書かれたものであっても正確に読解ができることがアクチュアリーに求められていることが少しでもわかれば，学習することの大事さがわかるはずだ．そして，この瞬間にもこれら従来の記号群を用いた商品が作られ，行政の認可を受けているのであるから，これから始まる少なくとも50年間は従来の記号群の学習が必要となる，ということである．

## それでは新たな研究は必要ないのか

それでは，新たな研究は必要ないのか，と言う観点であるが，これは必要どころか喫緊の課題だと言ってよいのである．それはリスク管理やデータ・サイエンス方面のアクチュアリー業務である．

2017年9月に，日本アクチュアリー会ではデータ・サイエンスについて4回にわたる集中セミナーが行われ，私はこの推進役として立ち回った．このセミナーでは応募者が会場キャパシティーの2倍を超すほどになったほどである．

私はアクチュアリー数学の世界は「リスク数理」を中心として図4.2のような感じになっていると思うのである．

中核となるリスク数理は貪欲に技術開発がなされるべきものである．したがって，大学や研究機関の協力も必要となるが，その一方で業務に直結する各分野の数理はそれとは別に教えられる必要があるという事である．

## 最前線にいるプロフェッショナル

プロフェッショナルとは一生をその業務に捧げても構わないという人を言うのである．アマチュアはそうではない．アクチュアリー試験の受験生とは過去100年以上の保険の歴史の最前線にいる人たちである．上述のように

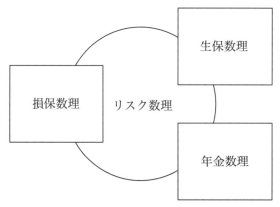

図 4.2　リスク数理を中核とした各分野のイメージ

生命保険アクチュアリーとは，今後100年の歴史を作る業務に携わり，過去100年の歴史を背負うプロフェッショナルである．

　正会員証を授与されても歴史を担う自覚がなければアマチュアに過ぎない．正会員でなくてもこの自覚があればプロフェッショナルである．この試験は単に頭脳の良否を問うものではなく，プロフェッショナルとしての覚醒を試すものである．なぜならアマチュアに歴史を任せることはできないからである．

　　　　（初出から改定　　初出：保険情報2017年11月17日　第2840号）

# 第II部

# アクチュアリー試験
# 「生保数理」必須公式集

アクチュアリー試験「生保数理」の問題を解くのに必要な公式をまとめました．

こちらの公式集は最終的には暗記し，身に付けておく必要があります．ただし，公式をただ暗記するのではなく，第8章以降の必須問題集を解きながら，問題とセットで覚えていくとよいでしょう．問題を見たらどの公式をどう組み合わせて解くのか，瞬時にわかるように訓練します．

本書の公式のほとんどが教科書に記載されたものです．中には教科書にはないものの，計算量を減らすために有効な公式も過去の受験生の知恵として，掲載しています．

試験問題を作成する側は，公式を組み合わせてパズルのように複雑にしたり，計算量を多くしたりして難易度を上げるという手法をよく取ります．

計算力がある方，ぶっつけ本番でも自由自在に対処できるという方は，少ない基本公式を覚えるだけでもいいと思いますが，私は計算力が弱かったので，基本的に公式は暗記し，計算にかける時間を短縮するとともに，ミスを減らすという作戦をとりました．本番試験では，緊張のあまり，思い通りにすらすらいかないかもしれません．練習量を多くして，ほとんどの公式が当たり前になるくらい，練習しましょう．

本書以外にも，自分で公式カードを作って，通勤通学の合間などのスキマ時間で覚えづらいものは覚えていきましょう．

公式をどんどん覚えていくと，次第に意味が理解できてきて，似たようなもののグループや再現しやすいグループが見えてきます．

さあ，それでは問題に取り組みつつ，楽しく公式を覚えていきましょう！

# ■第5章

# 保険料

## 5.1 利息の計算

### 5.1.1 利率・現価率・割引率・利力

元本の金額 1 に対して，1 年間に発生する利息を**利率**という．発生した利息は，元本に組み入れられて，さらに利息を生むとする．つまり**複利計算**を行う．

ここで，1 年間の利率（実利率）を $i$ とする．また，1 年間に利息が元本に組み入れられる回数（転化回数）$k$ に対し，年 $k$ 回の**名称利率**を $i^{(k)}$ とすれば，

$$\left(1 + \frac{i^{(k)}}{k}\right)^k = 1 + i \tag{5.1}$$

式 (5.1) を $i^{(k)}$ について整理すると，

$$i^{(k)} = k\left\{(1+i)^{\frac{1}{k}} - 1\right\} \tag{5.2}$$

式 (5.1) のとおり，金額 1 を利率 $i$ で運用すれば 1 年後に $1 + i$ の元利合計額になる．このことを，金額 1 の 1 年後の**終価**が $1 + i$ であるという．今度は時間を遡り，1 年後の金額 1 の現在価値，**現価**がいくらであるかを評価しよう．その 1 年後の金額 1 の現価を**現価率**といい，$v$ で表すと，

**52**　第5章　保険料

$$v = \frac{1}{1+i} \tag{5.3}$$

　生保数理では，異なる時点の収入額・支出額をある1つの時点（契約時点など）にすべて引き直すなどして，評価時点を揃えることが基本的に行われる.

　1年後の金額1を現価 $v$ に直すとき，1より差し引かれるのが**割引率** $d$ である.

$$d = 1 - v \tag{5.4}$$

また，式 (5.4) に式 (5.3) を代入すると，

$$d = \frac{i}{1+i} = iv \tag{5.5}$$

すなわち，割引率 $d$ は利率 $i$ の現価である.

　転化回数年 $k$ 回の**名称割引率** $d^{(k)}$ について，

$$\left( 1 - \frac{d^{(k)}}{k} \right)^k = 1 - d \tag{5.6}$$

$$d^{(k)} = k \left\{ 1 - (1-d)^{\frac{1}{k}} \right\} \tag{5.7}$$

　**利力** $\delta$ は，下記の式 (5.8) で定義される.

$$\delta = \log(1+i) \quad \Longleftrightarrow \quad 1+i = e^{\delta} \tag{5.8}$$

また，以下の等式・不等式も成立する.

$$v = e^{-\delta} \tag{5.9}$$

$$\delta = \lim_{k \to \infty} i^{(k)} = \lim_{k \to \infty} d^{(k)} \tag{5.10}$$

$$d \le d^{(k)} < \delta < i^{(k)} \le i \quad （等号成立は k = 1 のとき） \tag{5.11}$$

　$d^{(k)} < i^{(k)}$ であるが，式 (5.10)は，転化回数が大きくなるほど，両者の値は近づき，極限値は一致することを表している.

### 5.1.2 資産運用による利息

時点 $s$ における運用資産額を $A_s$ とおくと，年間利息額 $I$ は，

$$I = \int_0^1 A_s \delta ds \tag{5.12}$$

保険会社には，保険料が払込まれたり利息配当金が収入されたり，といった金銭の流入がある．また，保険金や事業費の支払いという金銭の流出もある．このような金銭の流出入があっても，財務諸表の数値を用いて保険会社の資産の利回りを大づかみに計算できるようにするのが，**ハーディーの公式**である．

第 $t$ 年度末の運用資産額 $A_t$，第 $t$ 年度の利息額 $I_t$ に対し，第 $t$ 年度の利回り $i_t$ は，ハーディの公式によると，

$$i_t \approx \frac{2I_t}{A_{t-1} + A_t - I_t} \tag{5.13}$$

### 5.1.3 確定年金の現価・終価

**年払・年 $k$ 回払・連続払**

期間 $n$ 年の**期始払確定年金現価** $\ddot{a}_{\overline{n}|}$ は，

$$\ddot{a}_{\overline{n}|} = \sum_{t=0}^{n-1} v^t = (1+i)a_{\overline{n}|} \tag{5.14}$$

期間 $n$ 年の**期末払確定年金現価** $a_{\overline{n}|}$ は，

$$a_{\overline{n}|} = \sum_{t=1}^{n} v^t = v\ddot{a}_{\overline{n}|} \tag{5.15}$$

期間 $n$ 年の**期始払確定年金終価** $\ddot{s}_{\overline{n}|}$ は，

$$\ddot{s}_{\overline{n}|} = \sum_{t=1}^{n} (1+i)^t = (1+i)s_{\overline{n}|} \tag{5.16}$$

期間 $n$ 年の**期末払確定年金終価** $s_{\overline{n}|}$ は，

$$s_{\overline{n}|} = \sum_{t=0}^{n-1} (1+i)^t = v\ddot{s}_{\overline{n}|} \tag{5.17}$$

$\ddot{a}_{\overline{n}|}, a_{\overline{n}|}, \ddot{s}_{\overline{n}|}, s_{\overline{n}|}$ 間には，下記のような関係がある．

$$\ddot{a}_{\overline{n+1}|} = 1 + a_{\overline{n}|} = 1 + v\ddot{a}_{\overline{n}|} \tag{5.18}$$

$$s_{\overline{n+1}|} = 1 + \ddot{s}_{\overline{n}|} = 1 + (1+i)s_{\overline{n}|} \tag{5.19}$$

$$v^n \ddot{s}_{\overline{n}|} = \ddot{a}_{\overline{n}|} \tag{5.20}$$

$$(\ddot{s}_{\overline{n-1}|} + 1)(1+i) = \ddot{s}_{\overline{n}|} \tag{5.21}$$

以上 (5.18)〜(5.21) の公式は，時間軸の数直線を引いて成立を確かめてみるとよい．例えば，$n = 3$ のときの公式 (5.18) のイメージを表すと以下のとおりである．

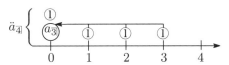

次の公式 (5.22) の左辺第 1 項は，元金 1 を期間 $n$ 年で返済するときの均等返済額を，第 2 項はそのうち元本の返済に充当される額を表している．

$$\frac{1}{a_{\overline{n}|}} - \frac{1}{s_{\overline{n}|}} = i \tag{5.22}$$

また，

$$\frac{1}{\ddot{a}_{\overline{n}|}} - \frac{1}{\ddot{s}_{\overline{n}|}} = d \tag{5.23}$$

公式 (5.24) は，$l = 3$ として確かめてみるとよい．

$$\ddot{a}_{\overline{ln}|} = \ddot{a}_{\overline{n}|} \sum_{k=0}^{l-1} v^{kn} \tag{5.24}$$

年 $k$ 回払については各回の支払額が $\dfrac{1}{k}$ であり年額で 1 であるから，期間 $n$ 年の期始払確定年金現価 $\ddot{a}_{\overline{n}|}^{(k)}$ は，

$$\ddot{a}_{\overline{n}|}^{(k)} = \frac{1}{k}\left(1 + v^{\frac{1}{k}} + \cdots + v^{n-\frac{1}{k}}\right) = \frac{1 - v^n}{d^{(k)}} \tag{5.25}$$

期間 $n$ 年の期始払確定年金終価 $\ddot{s}_{\overline{n}|}^{(k)}$ は，

$$\ddot{s}_{\overline{n}|}^{(k)} = \frac{1}{k}\left\{(1+i)^n + (1+i)^{n-\frac{1}{k}} + \cdots + (1+i)^{\frac{1}{k}}\right\} = \frac{(1+i)^n - 1}{d^{(k)}} \tag{5.26}$$

期間 $n$ 年の**連続払確定年金現価** $\overline{a}_{\overline{n}}$, **連続払確定年金終価** $\overline{s}_{\overline{n}}$ は，以下の式で定義される．

$$\overline{a}_{\overline{n}} = \lim_{k \to \infty} \ddot{a}_{\overline{n}}^{(k)} = \int_0^n v^t dt = \frac{i}{\delta} \cdot a_{\overline{n}} \tag{5.27}$$

$$\overline{s}_{\overline{n}} = \lim_{k \to \infty} \ddot{s}_{\overline{n}}^{(k)} = \int_0^n (1+i)^t dt = \frac{i}{\delta} \cdot s_{\overline{n}} \tag{5.28}$$

|  | 期始払 | 期末払 | 連続払 |
|---|---|---|---|
| 現価 | $\dfrac{1-v^n}{d^{(k)}}$ | $\dfrac{1-v^n}{i^{(k)}}$ | $\dfrac{1-v^n}{\delta}$ |
| 終価 | $\dfrac{(1+i)^n - 1}{d^{(k)}}$ | $\dfrac{(1+i)^n - 1}{i^{(k)}}$ | $\dfrac{(1+i)^n - 1}{\delta}$ |

**据置年金・永久年金・累加年金**

$f$ 年間を据え置いた後から，期間 $n$ 年で年額 1 の**期始払確定据置年金現価** $_{f|}\ddot{a}_{\overline{n}}$ は，

$$_{f|}\ddot{a}_{\overline{n}} = v^f \ddot{a}_{\overline{n}} \tag{5.29}$$

$f$ 年据置，期間 $n$ 年で年額 1 の**期末払確定据置年金現価** $_{f|}a_{\overline{n}}$ は，

$$_{f|}a_{\overline{n}} = v^f a_{\overline{n}} \tag{5.30}$$

公式 (5.14) において $n \to \infty$ とし，永久に年金が支払われるときの**期始払永久年金現価** $\ddot{a}_{\infty}$ は，付録の等比数列の和の公式 (A.2) より，

$$\ddot{a}_{\infty} = \frac{1}{d} \tag{5.31}$$

**期末払永久年金現価** $a_{\infty}$ も同様にして，

$$a_{\infty} = \frac{1}{i} \tag{5.32}$$

第 $k$ 年度の支払額が $k$ となるように支払額が累加していく年金で，期間 $n$ 年，期始払のものの**期始払累加年金現価** $(I\ddot{a})_{\overline{n}}$ は，

$$(I\ddot{a})_{\overline{n}} = 1 + 2v + \cdots + nv^{n-1} = \frac{\ddot{a}_{\overline{n}} - nv^n}{d} \tag{5.33}$$

**56** 第5章 保険料

期間 $n$ 年の**期末払累加年金現価** $(Ia)_{\overline{n}|}$ は,

$$(Ia)_{\overline{n}|} = v + 2v^2 + \cdots + nv^n = \frac{\ddot{a}_{\overline{n}|} - nv^n}{i} \tag{5.34}$$

期間 $n$ 年の**期始払累加年金終価** $(I\ddot{s})_{\overline{n}|}$ は,

$$\begin{aligned} (I\ddot{s})_{\overline{n}|} &= (1+i)^n + 2(1+i)^{n-1} + \cdots + n(1+i) \\ &= \frac{\ddot{s}_{\overline{n}|} - n}{d} \end{aligned} \tag{5.35}$$

期間 $n$ 年の**期末払累加年金終価** $(Is)_{\overline{n}|}$ は,

$$\begin{aligned} (Is)_{\overline{n}|} &= (1+i)^{n-1} + 2(1+i)^{n-2} + \cdots + n \\ &= \frac{\ddot{s}_{\overline{n}|} - n}{i} \end{aligned} \tag{5.36}$$

(5.33), (5.34)においてそれぞれ $n \to \infty$ とし,永久に累加年金が支払われるとき,

$$(I\ddot{a})_\infty = \frac{1}{d^2} \tag{5.37}$$

$$(Ia)_\infty = \frac{1}{id} = \frac{\ddot{a}_\infty - 1}{d} \tag{5.38}$$

### 5.1.4 債務の返済方式

元金額を $S$,利率を $i$,返済期間を $n$ 年とおく.

#### 元金均等返済

元金は均等に返済し,これに加えて毎回の返済時に未返済元金に対する利息を支払う返済方式.このとき,第 $t$ 年度の返済額 $R_t$ $(1 \le t \le n)$ は,

$$R_t = \frac{S}{n} + \left\{ S - \frac{S}{n}(t-1) \right\} i \tag{5.39}$$

## 元利均等返済

利息分も考慮して，返済額が毎年同額になるように返済する方式．毎年度の返済額 $R$ は，

$$R = \frac{S}{a_{\overline{n}|}} \tag{5.40}$$

## 減債基金

年度末ごとに，利息のみを支払いつつ別途**減債基金**を積み立てておき，その基金を満期時の元金返済に充てる．(積立額)$\cdot s_{\overline{n}|} = S$ であるから，借入利率 $i$ に対して毎年の支払・積立の合計額 $R$ は，

$$R = Si + \frac{S}{s_{\overline{n}|}} \tag{5.41}$$

ここで，$s_{\overline{n}|}$ は積立利率に基づくものであることに注意する必要があるが，$i$ が積立利率と一致するとき，

$$R = Si + \frac{S}{s_{\overline{n}|}} = \frac{S}{a_{\overline{n}|}} \tag{5.42}$$

すなわち，減債基金による毎年度の支払・積立の合計額と元利均等返済による毎年度の返済額は等しい．この事実は，両方式とも返済額が年度によらず一定額となるような方法という点で共通していることを考えれば当然である．

## 均等利回り評価

年利率 $i$，クーポン額 $c$ の債券の第 $t$ 年度始簿価を $b_{t-1}$，第 $t$ 年度末簿価を $b_t$ $(1 \leq t \leq n)$ とし．以下のような表を埋めると簿価の推移がわかる．

| 年度 | 年度始簿価 | 年利率による利息額 | クーポン額 | 評価益 | 年度末簿価 |
|------|-----------|-------------------|-----------|--------|-----------|
| 1 | $b_0$ | $ib_0$ | $c$ | $ib_0 - c$ | $(1+i)b_0 - c = b_1$ |
| 2 | $b_1$ | $ib_1$ | $c$ | $ib_1 - c$ | $(1+i)b_1 - c = b_2$ |
| $\vdots$ | $\vdots$ | $\vdots$ | $\vdots$ | $\vdots$ | $\vdots$ |
| $n$ | $b_{n-1}$ | $ib_{n-1}$ | $c$ | $ib_{n-1} - c$ | $(1+i)b_{n-1} - c = b_n$ |

額面 $S$, 償還期間 $n$ 年に対し, 第 1 年度始簿価 $b_0$ は

$$b_0 = c \cdot a_{\overline{n}|} + Sv^n \tag{5.43}$$

また, 第 $t+1$ 年度始簿価 $b_t$ は

$$b_t = c \cdot a_{\overline{n-t}|} + Sv^{n-t} \tag{5.44}$$

## 5.2 生命表および生命関数

### 5.2.1 生命表の記号

特定の集団に属する人々の各年齢における生存・死亡状況の分布は**生命表**にまとめられる. この表で用いられる記号になじんで, 本格的な試験対策に入ろう.

| $x$ | $l_x$ | $d_x$ | $q_x$ | $p_x$ |
|:---:|:---:|:---:|:---:|:---:|
| 0 | 100,000 | 108 | 0.00108 | 0.99892 |
| $\vdots$ | $\vdots$ | $\vdots$ | $\vdots$ | $\vdots$ |
| 107 | 0.6061 | 0.6061 | 1.00000 | 0.00000 |

生命表の記号を以下のように定義する ($q_x, p_x$ は次節を参照).

> $l_x$　$x$ 歳の生存者数
> $d_x$　$x$ 歳の生存者が $x+1$ 歳になるまでに死亡する人数
> $\omega$　生命表の**最終年齢** ($l_x = 0$ となる最初の年齢)

生存者数と死亡者数の基本関係式は,

$$l_{x+1} = l_x - d_x \tag{5.45}$$

**保険年度**は, 契約日を年始として 1 年を定める方法により計算された年度のことである. 例えば, 4 月 2 日が契約日であればその翌年の 4 月 1 日までが第 1 保険年度である. 以下, 第 2 保険年度, 第 3 保険年度と続く.

### 5.2.2 生命関数

例えば $p_x = \dfrac{l_{x+1}}{l_x}$ のように，生命表内の $l_x$, $l_{x+1}$ の値を代入して生存率 $p_x$ に対応させるような関数を定義できる．このような関数を**生命関数**という．以下，$x$ 歳の者を $(x)$ と表記する．

$(x)$ が $t$ 年後まで生存する確率 (あるいは被保険者の加入年齢を $x$ 歳とするとき，その契約総件数に占める経過 $t$ で残存している件数で，解約による脱退を考慮しないときの件数の比率) $_tp_x$ は，

$$_tp_x = \frac{l_{x+t}}{l_x} = p_x \times p_{x+1} \times \cdots \times p_{x+t-1} \tag{5.46}$$

$$_{t+s}p_x = {_tp_x} \cdot {_sp_{x+t}} \tag{5.47}$$

$(x)$ の死亡率 $q_x$ は，

$$q_x = \frac{d_x}{l_x} \tag{5.48}$$

したがって，次が成り立つ．

$$p_x + q_x = 1 \tag{5.49}$$

$(x)$ が $t$ 年間生存してから，その後 1 年以内に死亡する確率 $_{t|}q_x$ は，

$$_{t|}q_x = {_tp_x} - {_{t+1}p_x} = \frac{d_{x+t}}{l_x} = {_tp_x} \cdot q_{x+t} \tag{5.50}$$

$(x)$ が $t$ 年後までに死亡する確率 $_tq_x$ は，

$$_tq_x = q_x + {_{1|}q_x} + \cdots + {_{t-1|}q_x} \tag{5.51}$$

### 5.2.3 選択表

生命保険の加入時には被保険者に対し健康状態の告知義務を課しており，その**選択効果**によって加入後から数年間は死亡率が最終的な生命表よりも低い傾向を示す．このように，契約後数年間は死亡率が低めに計測される傾向を考慮し，作成されるのが**選択表**である．

**60** 第5章 保険料

| $x$ | $q_{[x]}$ | $q_{[x]+1}$ | $q_{[x]+2}$ | $q_{[x]+3}$ | $x+3$ |
|----|---------|-----------|-----------|-----------|-------|
| 50 | 0.0150 | 0.0179 | 0.0223 | 0.0314 | 53 |
| 51 | 0.0161 | 0.0195 | 0.0239 | 0.0333 | 54 |
| 52 | 0.0172 | 0.0211 | 0.0255 | 0.0350 | 55 |
| 53 | 0.0183 | 0.0227 | 0.0271 | 0.0370 | 56 |

加入時に被保険者が50歳で，現在51歳であるとする．上表の選択表が与えられたときに，この被保険者が4年間生存する確率 $_4p_{[50]+1}$ は，

$$_4p_{[50]+1} = (1 - 0.0179)(1 - 0.0223)(1 - 0.0314)(1 - 0.0333)$$

$$\approx 0.899078 \tag{5.52}$$

選択表の読み方の詳細は問題8.8(p.127) およびその補足を参照せよ．

### 5.2.4 死力

$(x)$ の**死力** $\mu_x$ は，以下の式で定義される．

$$\mu_x = -\frac{dl_x}{dx} \cdot \frac{1}{l_x} = -\frac{d\log l_x}{dx} \tag{5.53}$$

$l_x$ は単調減少関数であり，死力はマイナスで符号を反転させることにより，正の値をとる．死亡率は1を超えることはないが，死力 $\mu_x$ は1を超えることがある．

また，

$$\mu_{x+t} = -\frac{1}{_tp_x} \cdot \frac{d_tp_x}{dt} = -\frac{d\log _tp_x}{dt} \tag{5.54}$$

死力によって生命関数を書くと，

$$_tp_x = \exp\left(-\int_0^t \mu_{x+s}ds\right) \tag{5.55}$$

$$d_x = \int_0^1 l_{x+t}\mu_{x+t}dt \tag{5.56}$$

$$_{t|}q_x = \int_t^{t+1} {}_sp_x\mu_{x+s}ds \tag{5.57}$$

$$_tq_x = \int_0^t {}_sp_x\mu_{x+s}ds \tag{5.58}$$

$$\int_0^{\omega-x} {}_tp_x\mu_{x+t}dt = 1 \tag{5.59}$$

$\alpha\mu_x = \beta\mu_x'$ のとき，$\mu_x'$ に対応する $t$ 年後の生存率を $_tp_x'$ とおくと，

$$({}_tp_x)^\alpha = ({}_tp_x')^\beta \tag{5.60}$$

### 5.2.5 平均余命

$(x)$ がその後生存する年数の平均を**平均余命**という．特に，$x = 0$ のとき
の平均余命を**平均寿命**という．

**略算平均余命** $e_x$ は，

$$e_x = \sum_{t=1}^{\omega-x} {}_tp_x \tag{5.61}$$

**完全平均余命** $\mathring{e}_x$ は，

$$\mathring{e}_x = \int_0^{\omega-x} t \cdot {}_tp_x\mu_{x+t}dt = \int_0^{\omega-x} {}_tp_xdt \tag{5.62}$$

略算平均余命は「離散型」平均余命，完全平均余命は「連続型」平均余命
としてイメージするとよい．

$n$ 年後以降に生存する者はすべて生存年数 $n$ とした平均（**定期平均余命**）
$_ne_x$, $_n\mathring{e}_x$ はそれぞれ，

$$_ne_x = \sum_{t=1}^{n} {}_tp_x \tag{5.63}$$

$$_n\mathring{e}_x = \int_0^{n} {}_tp_xdt \tag{5.64}$$

$n$ 年後以降に生存する者の生存年数を考え，$n$ 年以内の死亡者の生存年数
を全て 0 とした平均（**据置平均余命**）$_{n|}e_x$, $_{n|}\mathring{e}_x$ はそれぞれ，

$$_{n|}e_x = \sum_{t=n+1}^{\omega-x} {}_tp_x = {}_np_xe_{x+n} \tag{5.65}$$

**62** 第5章 保険料

$$_{n|}\mathring{e}_x = \int_n^{\omega-x} {}_tp_x dt = {}_np_x\mathring{e}_{x+n} \tag{5.66}$$

$$e_x = {}_{n|}e_x + {}_ne_x = p_x + p_x \cdot e_{x+1} \tag{5.67}$$

$$\mathring{e}_x = {}_{n|}\mathring{e}_x + {}_n\mathring{e}_x \tag{5.68}$$

### 5.2.6 開集団

同時に加入した人々が時間の経過にしたがい脱退していく**閉集団**に対し,新規加入のある**開集団**について述べる.

#### 定常状態

ちょうど0歳の者が$l_0$人,1歳の者が$l_1$人,2歳の者が$l_2$人,…という具合に,生命表にある生存数が実際にその集団に存在し,年齢構成が時の経過にかかわらず一定不変であるような開集団を**定常状態**にあるという.また,定常状態にある開集団を**定常社会**,年齢ごとの分布が定常状態にあるような人口構成を**定常人口**という.

このような定常社会において,1年間の総死亡数と出生数の関係式は,

$$d_0 + d_1 + d_2 + \cdots + d_{\omega-1} = l_0 \tag{5.69}$$

ある時点で年齢が$x$歳と$x+1$歳との間にある者の総数$L_x$は,

$$L_x = \int_0^1 l_{x+t} dt \tag{5.70}$$

$x$歳以上の人口$T_x$は,

$$T_x = \sum_{t=x}^{\omega-1} L_t = \int_0^{\omega-x} l_{x+t} dt = \int_0^{\omega-x} t l_{x+t}\mu_{x+t} dt \tag{5.71}$$

これを用いると,完全平均余命$\mathring{e}_x$は,

$$\mathring{e}_x = \frac{T_x}{l_x} \tag{5.72}$$

年初の時点で $x$ 歳以上の生存者総数 $T_x$ に対する $x$ 歳以上の死亡者総数 $d_x + d_{x+1} + \cdots + d_{\omega-1} = l_x$ の比率，すなわち $x$ 歳以上でみた**観察死亡率**は，

$$\frac{l_x}{T_x} = \frac{1}{\mathring{e}_x} \tag{5.73}$$

$x$ 歳以上 $x+n$ 歳未満で死亡する者の死亡時平均年齢は，

$$x + \frac{T_x - T_{x+n} - nl_{x+n}}{l_x - l_{x+n}} \tag{5.74}$$

定常状態にある社会の**平均年齢**は，

$$\frac{\displaystyle\int_0^\omega x \cdot l_x dx}{\displaystyle\int_0^\omega l_x dx} \tag{5.75}$$

## 中央死亡率

統計調査による観測値は $L_x$ と $d_x$ である．

**中央死亡率** $m_x$ は，

$$m_x = \frac{d_x}{L_x} \tag{5.76}$$

$l_x$ 曲線を直線で近似するとき，

$$m_x = \frac{d_x}{(l_x + l_{x+1})/2} = \frac{d_x}{l_x - \frac{d_x}{2}} \tag{5.77}$$

$$q_x = \frac{2m_x}{2 + m_x} \tag{5.78}$$

$$p_x = \frac{2 - m_x}{2 + m_x} \tag{5.79}$$

$x$ 歳以上 $x+n$ 歳未満の年齢群団の中央死亡率 $_n m_x$ は，

$$_n m_x = \frac{\displaystyle\sum_{t=0}^{n-1} d_{x+t}}{\displaystyle\sum_{t=0}^{n-1} L_{x+t}} = \frac{\displaystyle\int_0^n l_{x+t}\mu_{x+t}dt}{\displaystyle\int_0^n l_{x+t}dt} \tag{5.80}$$

**64** 第5章 保険料

### 5.2.7 死亡法則

試験本番でショートカットするために，死力 $\mu_x$ の式が具体的に与えられた場合の，生命関数の型を覚えておこう（一度手を動かして証明してみることを推奨する）．

$\mu_x = $ 定数 $c$ のとき

$$_tp_x = e^{-ct} \tag{5.81}$$

$$l_x = l_0 e^{-cx} \tag{5.82}$$

$$\mathring{e}_x = \frac{1}{c} \tag{5.83}$$

連続払終身年金現価 $\overline{a}_x$（後述，公式 (5.122) 参照）は，

$$\overline{a}_x = \frac{1}{\delta + c} \tag{5.84}$$

連続払終身保険の一時払純保険料 $\overline{A}_x$（後述，公式 (5.130) 参照）は，

$$\overline{A}_x = \frac{c}{\delta + c} \tag{5.85}$$

$\mu_x = \dfrac{k}{\omega - x}$ のとき

$$_tp_x = \left( \frac{\omega - x - t}{\omega - x} \right)^k \tag{5.86}$$

$$l_x = l_0 \left( 1 - \frac{x}{\omega} \right)^k \tag{5.87}$$

$$\mathring{e}_x = \frac{\omega - x}{k + 1} \tag{5.88}$$

上式 (5.86)〜(5.88) において，$k = 1$，すなわち $\mu_x = \dfrac{1}{\omega - x}$ のとき，死亡法則が**ド・モアブルの法則**にしたがっており，公式 (5.89)〜(5.92) のようになる．

$$_tp_x = \frac{\omega - x - t}{\omega - x} \tag{5.89}$$

$$l_x = l_0 \left( 1 - \frac{x}{\omega} \right) \tag{5.90}$$

$$_{t|}q_x = \frac{1}{\omega - x} = \mu_x \tag{5.91}$$

$$\mathring{e}_x = \frac{\omega - x}{2} \tag{5.92}$$

生存保険の一時払純保険料 $A_{x:\overline{n|}}^{\phantom{1}1}$（後述，公式 (5.123) 参照）は，

$$A_{x:\overline{n|}}^{\phantom{1}1} = \frac{v^n(\omega - x - n)}{\omega - x} \tag{5.93}$$

年度末支払定期保険の一時払純保険料 $A_{x:\overline{n|}}^{1}$（後述，公式 (5.124) 参照）は，

$$A_{x:\overline{n|}}^{1} = \frac{a_{\overline{n|}}}{\omega - x} \tag{5.94}$$

## $\mu_x = Bc^x$（ゴムパーツの法則が成立）のとき

$B, c$ は正の定数 $(c \neq 1)$. この法則は死力の逆数の変化率 $\dfrac{d}{dx}\dfrac{1}{\mu_x}$ が，死力の逆数 $\dfrac{1}{\mu_x}$ 自体に比例するとして導かれる．このとき $\log g = -\dfrac{B}{\log c}$ と $k$ を正の定数として，

$$l_x = k \cdot g^{c^x} \tag{5.95}$$

$$_t p_x = g^{c^x(c^t - 1)} \tag{5.96}$$

## $\mu_x = A + Bc^x$（メーカムの法則が成立）のとき

$A = -\log s,\ \log g = -\dfrac{B}{\log c}$ および $k$ を正の定数として，

$$l_x = k \cdot s^x g^{c^x} \tag{5.97}$$

$$_t p_x = s^t g^{c^x(c^t - 1)} \tag{5.98}$$

### 5.2.8 生命関数の微分公式

$$\frac{d}{dt}\,_t p_x = -\,_t p_x \mu_{x+t} \tag{5.99}$$

**66** 第5章 保険料

$$\frac{d}{dx}\,_tp_x = \,_tp_x(\mu_x - \mu_{x+t}) \tag{5.100}$$

$$\frac{d}{dx}\mathring{e}_x = \mu_x\mathring{e}_x - 1 \tag{5.101}$$

$$\frac{d}{dt}\left(\,_tp_x \cdot \mathring{e}_{x+t}\right) = -\,_tp_x \tag{5.102}$$

## 5.3 純保険料

### 5.3.1 計算基数

生命表と利率が与えられたときに保険料や責任準備金といった保険価格を計算するための道具として，**計算基数**を導入する．

**定義**

$$D_x = v^x l_x \tag{5.103}$$

$$N_x = \sum_{t=0}^{\omega-x} D_{x+t} \tag{5.104}$$

$$S_x = \sum_{t=0}^{\omega-x} N_{x+t} \tag{5.105}$$

$$C_x = v^{x+1}d_x \tag{5.106}$$

$$M_x = \sum_{t=0}^{\omega-x} C_{x+t} \tag{5.107}$$

$$R_x = \sum_{t=0}^{\omega-x} M_{x+t} \tag{5.108}$$

$$\overline{C}_x = v^{x+\frac{1}{2}}d_x \tag{5.109}$$

$$\overline{M}_x = \sum_{t=0}^{\omega-x} \overline{C}_{x+t} \tag{5.110}$$

$$\overline{R}_x = \sum_{t=0}^{\omega-x} \overline{M}_{x+t} \tag{5.111}$$

**基数に関する公式**

> **重要！**
>
> $$C_x = vD_x - D_{x+1} \tag{5.112}$$
>
> $$M_x = vN_x - N_{x+1} = D_x - dN_x \tag{5.113}$$
>
> $$R_x = vS_x - S_{x+1} = N_x - dS_x \tag{5.114}$$
>
> $$D_x > \overline{M}_x > M_x \tag{5.115}$$

### 5.3.2 純保険料

**生命年金**

$x$ 歳加入，保険期間 $n$ 年の生存を前提に支払われる**生命年金**で，年金額 1 で期始払のものの**期始払生命年金現価** $\ddot{a}_{x:\overline{n}|}$ は，

$$\ddot{a}_{x:\overline{n}|} = \sum_{t=0}^{n-1} v^t {}_tp_x = \frac{N_x - N_{x+n}}{D_x} \tag{5.116}$$

**期末払生命年金現価** $a_{x:\overline{n}|}$ は，

$$a_{x:\overline{n}|} = \sum_{t=1}^{n} v^t {}_tp_x = \frac{N_{x+1} - N_{x+n+1}}{D_x} \tag{5.117}$$

$x$ 歳加入，年金額 1 の**期始払終身年金現価** $\ddot{a}_x$，**期末払終身年金現価** $a_x$ はそれぞれ，

$$\ddot{a}_x = \sum_{t=0}^{\omega-x} v^t {}_tp_x = \frac{N_x}{D_x} \tag{5.118}$$

**68**　第5章　保険料

$$a_x = \sum_{t=1}^{\omega-x} v^t {}_t p_x = \frac{N_{x+1}}{D_x} \tag{5.119}$$

$f$ 年間の生存を据え置いた後から，保険期間 $n$ 年で年額 1 が期始に支払われる生命年金現価 ${}_{f|}\ddot{a}_{x:\overline{n|}}$ は，

$$_{f|}\ddot{a}_{x:\overline{n|}} = \frac{N_{x+f} - N_{x+f+n}}{D_x} = v^f {}_f p_x \cdot \ddot{a}_{x+f:\overline{n|}} = \ddot{a}_{x:\overline{f+n|}} - \ddot{a}_{x:\overline{f|}} \tag{5.120}$$

保険期間 $n$ 年の**連続払生命年金現価** $\overline{a}_{x:\overline{n|}}$ は，

$$\overline{a}_{x:\overline{n|}} = \int_0^n v^t {}_t p_x dt \tag{5.121}$$

連続払終身年金現価 $\overline{a}_x$ は，

$$\overline{a}_x = \int_0^{\omega-x} v^t {}_t p_x dt \tag{5.122}$$

**一時払純保険料**

$x$ 歳加入，$n$ 年満期，保険金額 1 の，保険加入後，満期時に生存していたときに保険金を受け取れる**生存保険**の一時払純保険料 $A_{x:\overline{n|}}^{\;1}$ は，

$$A_{x:\overline{n|}}^{\;1} = v^n {}_n p_x = \frac{D_{x+n}}{D_x} \tag{5.123}$$

$x$ 歳加入，保険期間 $n$ 年，保険金年度末支払，保険金額 1 の，保険期間中に死亡した場合に保険金を受け取れる**定期保険**の一時払純保険料 $A_{x:\overline{n|}}^1$ は，

$$A_{x:\overline{n|}}^1 = \sum_{t=1}^n v^t {}_{t-1|}q_x = \frac{M_x - M_{x+n}}{D_x} \tag{5.124}$$

$x$ 歳加入，保険期間 $n$ 年，保険金即時払，保険金額 1 の定期保険の一時払純保険料 $\overline{A}_{x:\overline{n|}}^1$ は，

$$\overline{A}_{x:\overline{n|}}^1 = \sum_{t=1}^n v^{t-\frac{1}{2}} {}_{t-1|}q_x = \frac{\overline{M}_x - \overline{M}_{x+n}}{D_x} = \int_0^n v^t {}_t p_x \mu_{x+t} dt \tag{5.125}$$

$x$ 歳加入，保険期間 $n$ 年，保険金年度末支払，保険金額 1 の，保険期間中に死亡もしくは満期時に生存していたときに保険金を受け取れる**養老保険**の一時払純保険料 $A_{x:\overline{n}|}$ は，

$$A_{x:\overline{n}|} = A_{x:\overline{n}|}^1 + A_{x:\overline{n}|}^{\;\;1} = \frac{M_x - M_{x+n} + D_{x+n}}{D_x} \tag{5.126}$$

$x$ 歳加入の被保険者に対し，$f$ 年間の生存据置後における，保険期間 $n$ 年，保険金年度末支払，保険金額 1 の養老保険の一時払純保険料 ${}_{f|}A_{x:\overline{n}|}$ は，

$$_{f|}A_{x:\overline{n}|} = \frac{M_{x+f} - M_{x+f+n} + D_{x+f+n}}{D_x} = A_{x:\overline{f}|}^{\;\;1} \cdot A_{x+f:\overline{n}|} \tag{5.127}$$

$x$ 歳加入，保険期間 $n$ 年，保険金即時払，保険金額 1 の養老保険の一時払純保険料 $\overline{A}_{x:\overline{n}|}$ は，

$$\overline{A}_{x:\overline{n}|} = \overline{A}_{x:\overline{n}|}^1 + A_{x:\overline{n}|}^{\;\;1} = \frac{\overline{M}_x - \overline{M}_{x+n} + D_{x+n}}{D_x} \tag{5.128}$$

$x$ 歳加入，保険金年度末支払，保険金額 1 の終身保険の一時払純保険料 $A_x$ は，

$$A_x = \sum_{t=1}^{\omega-x} v^t {}_{t-1|}q_x = \frac{M_x}{D_x} \tag{5.129}$$

$x$ 歳加入，保険金即時払，保険金額 1 の終身保険の一時払純保険料 $\overline{A}_x$ は，

$$\overline{A}_x = \sum_{t=1}^{\omega-x} v^{t-\frac{1}{2}} {}_{t-1|}q_x = \frac{\overline{M}_x}{D_x} \tag{5.130}$$

**変動年金・変動保険の一時払純保険料**

$(x)$ の被保険者に対する保険期間 $n$ 年の期始払年金で，第 $k$ 年度の年金額が $k$ というように毎年 1 ずつ増加する**期始払累加生命年金現価** $(I\ddot{a})_{x:\overline{n}|}$ は，

$$(I\ddot{a})_{x:\overline{n}|} = \sum_{t=0}^{n-1} (t+1) v^t {}_tp_x = \frac{S_x - S_{x+n} - nN_{x+n}}{D_x} \tag{5.131}$$

公式 (5.131) において，終身年金のときの $(I\ddot{a})_x$ は，

$$(I\ddot{a})_x = \frac{S_x}{D_x} \tag{5.132}$$

**70 第 5 章 保険料**

保険期間 $n$ 年で連続払のときの $(\bar{I}\bar{a})_{x:\overline{n}|}$ は,

$$(\bar{I}\bar{a})_{x:\overline{n}|} = \int_0^n tv^t{}_tp_x dt \tag{5.133}$$

$(x)$ の被保険者に対する期始払累加年金で, 年金額が $n$ に到達後, その額が $n$ のまま終身続くものの現価 $(I_{\overline{n}|}\ddot{a})_x$ は,

$$\begin{aligned}(I_{\overline{n}|}\ddot{a})_x &= \frac{D_x + 2D_{x+1} + \cdots + nD_{x+n-1} + nD_{x+n} + \cdots}{D_x} \\ &= \frac{S_x - S_{x+n}}{D_x}\end{aligned} \tag{5.134}$$

$(x)$ の被保険者に対する保険期間 $n$ 年の期始払年金で, 第 $k$ 年度の年金額が $n - k + 1$ というように毎年 1 ずつ減少する**期始払累減生命年金現価** $(D\ddot{a})_{x:\overline{n}|}$ は,

$$\begin{aligned}(D\ddot{a})_{x:\overline{n}|} &= \frac{nD_x + (n-1)D_{x+1} + \cdots + D_{x+n-1}}{D_x} \\ &= \frac{nN_x - (S_{x+1} - S_{x+n+1})}{D_x}\end{aligned} \tag{5.135}$$

$(x)$ の被保険者に対する累減生命年金で, 第 1 年度の年金額が $n$ で第 $n$ 年度に 1 に到達後, その額が 1 のまま終身続くものの現価 $(D_{\overline{n}|}\ddot{a})_x$ は,

$$\begin{aligned}(D_{\overline{n}|}\ddot{a})_x &= \frac{nD_x + (n-1)D_{x+1} + \cdots + D_{x+n-1} + D_{x+n} + \cdots}{D_x} \\ &= \frac{nN_x - (S_{x+1} - S_{x+n})}{D_x}\end{aligned} \tag{5.136}$$

期末払については, 期始払における基数表現の分子の添字に 1 を加えればよい.

$(x)$ の被保険者に対する保険期間 $n$ 年の定期保険で, 第 $k$ 年度に死亡するときに保険金額 $k$ を年度末に支払うというように保険金額が毎年 1 ずつ増加する累加定期保険の一時払純保険料 $(IA)^1_{x:\overline{n}|}$ は,

$$(IA)^1_{x:\overline{n}|} = v \cdot q_x + 2v^2 \cdot {}_{1|}q_x + \cdots + nv^n \cdot {}_{n-1|}q_x \tag{5.137}$$

$$= \frac{R_x - R_{x+n} - nM_{x+n}}{D_x} \tag{5.138}$$

$$= (IA)^1_{x:\overline{t}|} + A_{x:\overline{t}|}^{\;1}(tA^1_{x+t:\overline{n-t}|} + (IA)^1_{x+t:\overline{n-t}|}) \tag{5.139}$$

$(x)$ の被保険者に対する保険期間 $n$ 年の**累加定期保険**で，第 $k$ 年度に死亡するときに保険金額 $k$ を即時払する保険の一時払純保険料 $(I\overline{A})^1_{x:\overline{n}|}$ は，

$$(I\overline{A})^1_{x:\overline{n}|} = \frac{\overline{R}_x - \overline{R}_{x+n} - n\overline{M}_{x+n}}{D_x} = \sum_{t=1}^{n} t \int_{t-1}^{t} v^s\,_s p_x \mu_{x+s} ds \tag{5.140}$$

公式 (5.138)，(5.140) において，終身保険としたときの $(IA)_x$，$(I\overline{A})_x$ はそれぞれ，

$$(IA)_x = \frac{R_x}{D_x} \tag{5.141}$$

$$(I\overline{A})_x = \frac{\overline{R}_x}{D_x} \tag{5.142}$$

契約時からの経過年数 $t$ $(0 \le t \le n)$ で死亡したときに保険金額 $t$ を即時払する保険の一時払純保険料 $(\overline{I}\overline{A})^1_{x:\overline{n}|}$ は，

$$(\overline{I}\overline{A})^1_{x:\overline{n}|} = \int_0^n tv^t\,_t p_x \mu_{x+t} dt = \sum_{t=0}^{n-1} \int_0^1 (t+s)v^{t+s}\,_{t+s} p_x \mu_{x+t+s} ds \tag{5.143}$$

$(x)$ の被保険者に対する年度末支払の累加定期保険で，保険金額が $n$ に到達後，その額が $n$ のまま終身続く保険の一時払純保険料 $(I_{\overline{n}|}A)_x$ は，

$$(I_{\overline{n}|}A)_x = \frac{C_x + 2C_{x+1} + \cdots + nC_{x+n-1} + nC_{x+n} + \cdots}{D_x}$$
$$= \frac{R_x - R_{x+n}}{D_x} \tag{5.144}$$

$(x)$ の被保険者に対する保険期間 $n$ 年の定期保険で，第 $k$ 年度に死亡するときに保険金額 $n-k+1$ を年度末に支払うというように保険金額が毎年 1 ずつ減少する**累減定期保険**の一時払純保険料 $(DA)^1_{x:\overline{n}|}$ は，

$$(DA)^1_{x:\overline{n}|} = \frac{nC_x + (n-1)C_{x+1} + \cdots + C_{x+n-1}}{D_x}$$

# 72 第5章 保険料

$$= \frac{nM_x - (R_{x+1} - R_{x+n+1})}{D_x} \tag{5.145}$$

$$= (DA)^1_{x:\overline{t}|} + (n-t)A^1_{x:\overline{t}|} + A^1_{x:\overline{t}|}(DA)_{x+t:\overline{n-t}|} \tag{5.146}$$

$(x)$ の被保険者に対する年度末支払の累減定期保険で，第1年度の保険金額が $n$ で第 $n$ 年度に1に到達後，その額が1のまま終身続く保険の一時払純保険料 $(D_{\overline{n}|}A)_x$ は，

$$(D_{\overline{n}|}A)_x = \frac{nC_x + (n-1)C_{x+1} + \cdots + C_{x+n-1} + C_{x+n} + \cdots}{D_x}$$

$$= \frac{nM_x - (R_{x+1} - R_{x+n})}{D_x} \tag{5.147}$$

## 年払平準純保険料

収支相等の原則：(収入の現価) $=$ (支出の現価) により，保険料を計算する．

$x$ 歳加入，$n$ 年満期，保険料全期払込，保険金額1の生存保険の年払平準純保険料 $P^{\phantom{1}1}_{x:\overline{n}|}$ は，

$$P^{\phantom{1}1}_{x:\overline{n}|} = \frac{D_{x+n}}{N_x - N_{x+n}} = \frac{A^{\phantom{1}1}_{x:\overline{n}|}}{\ddot{a}_{x:\overline{n}|}} \tag{5.148}$$

$x$ 歳加入，保険期間 $n$ 年，保険料全期払込，保険金年度末支払，保険金額1の定期保険の年払平準純保険料 $P^1_{x:\overline{n}|}$ は，

$$P^1_{x:\overline{n}|} = \frac{M_x - M_{x+n}}{N_x - N_{x+n}} = \frac{A^1_{x:\overline{n}|}}{\ddot{a}_{x:\overline{n}|}} \tag{5.149}$$

$x$ 歳加入，保険料全期払込，保険金即時払，保険金額1の終身保険の年払平準純保険料 $\overline{P}_x$ は，

$$\overline{P}_x = \frac{\overline{M}_x}{N_x} = \frac{\overline{A}_x}{\ddot{a}_x} \tag{5.150}$$

$x$ 歳加入，保険期間 $n$ 年，保険料 $m$ 年短期払込 $(m < n)$，保険金年度末支払，保険金額1の定期保険の年払平準純保険料 $_mP^1_{x:\overline{n}|}$ は，

$$_mP^1_{x:\overline{n}|} = \frac{M_x - M_{x+n}}{N_x - N_{x+m}} = \frac{A^1_{x:\overline{n}|}}{\ddot{a}_{x:\overline{m}|}} \tag{5.151}$$

$x$ 歳加入，保険期間 $n$ 年，保険料 $m$ 年短期払込 $(m < n)$，保険金即時払，保険金額 1 の定期保険の年払平準純保険料 $m \overline{P}^1_{x:\overline{n|}}$ は，

$$
m \overline{P}^1_{x:\overline{n|}} = \frac{\overline{M}_x - \overline{M}_{x+n}}{N_x - N_{x+m}} = \frac{\overline{A}^1_{x:\overline{n|}}}{\ddot{a}_{x:\overline{m|}}}
\tag{5.152}
$$

ここで自然保険料について述べておく．$x$ 歳加入，保険金即時払，保険金額 1，保険期間 1 年の定期保険の年払平準純保険料は $\overline{P}^1_{x:\overline{1|}}$ であるが，被保険者が生存している限り，$n (> 1)$ 年間の毎年度にこの保険料で契約更改し継続すれば，保険期間 $n$ 年と同等の保障を与えることができる．このような保険料を**自然保険料**という．

死亡率が年齢を重ねるにつれて上昇するとき，自然保険料は保険期間前期に低く後期に高くなるが，平準保険料はそれを均一にしている．すなわち保険会社は，前期の (平準保険料) > (自然保険料) であるときにその差額を留保しておき，後期の (自然保険料) > (平準保険料) であるときに被保険者が死亡すれば，その留保分を取り崩して保険金支払に充てる．

$x$ 歳加入，保険期間 $n$ 年，保険料全期払込，保険金年度末支払，保険金額 1 の養老保険の年払平準純保険料 $P_{x:\overline{n|}}$ は，

$$
P_{x:\overline{n|}} = \frac{M_x - M_{x+n} + D_{x+n}}{N_x - N_{x+n}} = \frac{A_{x:\overline{n|}}}{\ddot{a}_{x:\overline{n|}}}
\tag{5.153}
$$

$x$ 歳加入，保険期間 $n$ 年，保険料 $m$ 年短期払込 $(m < n)$，保険金即時払，保険金額 1 の定期保険の年払平準純保険料 $m \overline{P}_{x:\overline{n|}}$ は，

$$
m \overline{P}_{x:\overline{n|}} = \frac{\overline{M}_x - \overline{M}_{x+n} + D_{x+n}}{N_x - N_{x+m}} = \frac{\overline{A}_{x:\overline{n|}}}{\ddot{a}_{x:\overline{m|}}}
\tag{5.154}
$$

## 年 $k$ 回払純保険料

$x$ 歳加入，保険期間 $n$ 年，保険金 $\frac{1}{k}$ 年末払，保険金額 1 の定期保険の一時払純保険料 $A^{1\,(k)}_{x:\overline{n|}}$ は，

$$
A^{1\,(k)}_{x:\overline{n|}} = \frac{1}{l_x} \left\{ v^{\frac{1}{k}} \left( l_x - l_{x+\frac{1}{k}} \right) + v^{\frac{2}{k}} \left( l_{x+\frac{1}{k}} - l_{x+\frac{2}{k}} \right) + \cdots \right.
$$

$$+ v^n (l_{x+n-\frac{1}{k}} - l_{x+n}) \Big\} \tag{5.155}$$

$$= 1 - d^{(k)} \cdot \ddot{a}_{x:\overline{n}|}^{(k)} - v^n {}_n p_x \tag{5.156}$$

$x$ 歳加入，保険期間 $n$ 年，$\dfrac{1}{k}$ 年末払の期始払生命年金現価 $\ddot{a}_{\overline{n}|}^{(k)}$ は，毎期の支払額が $\dfrac{1}{k}$ であるから，

$$\ddot{a}_{x:\overline{n}|}^{(k)} = \frac{1}{k} \left( 1 + v^{\frac{1}{k}} {}_{\frac{1}{k}} p_x + v^{\frac{2}{k}} {}_{\frac{2}{k}} p_x + \cdots \right.$$
$$\left. + v^{n-\frac{1}{k}} {}_{n-\frac{1}{k}} p_x \right) \tag{5.157}$$

$$\approx \ddot{a}_{x:\overline{n}|} - \frac{k-1}{2k}(1 - v^n {}_n p_x) \tag{5.158}$$

$x$ 歳加入，保険期間 $n$ 年，保険料年 $k$ 回払 $m$ 年短期払込 $(m < n)$，保険金 $\dfrac{1}{k}$ 年末払，保険金額 1 の定期保険の平準純保険料の年間総額 ${}_m P_{x:\overline{n}|}^{1\,(k)}$ は，

$$_m P_{x:\overline{n}|}^{1\,(k)} = \frac{A_{x:\overline{n}|}^{1\,(k)}}{\ddot{a}_{x:\overline{m}|}^{(k)}} \tag{5.159}$$

各回に払込まれる保険料は $\dfrac{{}_m P_{x:\overline{n}|}^{1\,(k)}}{k}$ である．

$x$ 歳加入，保険期間 $n$ 年，保険金 $\dfrac{1}{k}$ 年末払，保険金額 1 の養老保険の一時払純保険料 $A_{x:\overline{n}|}^{(k)}$ は，

$$A_{x:\overline{n}|}^{(k)} = A_{x:\overline{n}|}^{1\,(k)} + A_{x:\overline{n}|}{}^{\!1} \tag{5.160}$$

$x$ 歳加入，保険期間 $n$ 年，保険料年 $k$ 回全期払込，保険金 $\dfrac{1}{k}$ 年末払，保険金額 1 の養老保険の平準純保険料の年間総額 $P_{x:\overline{n}|}^{(k)}$ は，

$$P_{x:\overline{n}|}^{(k)} = \frac{A_{x:\overline{n}|}^{(k)}}{\ddot{a}_{x:\overline{n}|}^{(k)}} \tag{5.161}$$

$$\approx \frac{P_{x:\overline{n}|} + \frac{k-1}{2k} i P_{x:\overline{n}|}^{1}}{1 - \frac{k-1}{2k}(P_{x:\overline{n}|}^{1} + d)} \tag{5.162}$$

$x$ 歳加入, 保険料 $m$ 年年 $k$ 回払短期払込 $(m < n)$, 保険金 $\frac{1}{k}$ 年末払, 保険金額 1 の終身保険の平準純保険料の年間総額 $_mP_x^{(k)}$ は,

$$_mP_x^{(k)} = \frac{A_x^{(k)}}{\ddot{a}_{x:\overline{m}|}^{(k)}} \tag{5.163}$$

死亡保険金について, 年度末支払のほうが $\frac{1}{k}$ 年末払より遅く, 現価に戻す期間が長いから,

$$P_{x:\overline{n}|} < P_{x:\overline{n}|}^{(k)} \tag{5.164}$$

保険期間 $n$ 年, 保険料年 $k$ 回全期払込, 保険金即時払の養老保険の平準純保険料の年間総額 $\overline{P}_{x:\overline{n}|}^{(k)}$ は,

$$\overline{P}_{x:\overline{n}|}^{(k)} = \frac{\overline{A}_{x:\overline{n}|}}{\ddot{a}_{x:\overline{n}|}^{(k)}} \tag{5.165}$$

以上において, 月払, 四半期払, 半年払のときは, それぞれ $k = 12, 4, 2$ とする.

### 連続払保険料

保険期間 $n$ 年, 保険料連続払全期払込, 保険金即時払の養老保険の連続払平準純保険料の年間総額 $\overline{P}_{x:\overline{n}|}^{(\infty)}$ は,

$$\overline{P}_{x:\overline{n}|}^{(\infty)} = \frac{\overline{A}_{x:\overline{n}|}}{\overline{a}_{x:\overline{n}|}} \tag{5.166}$$

### 確率論的表示

$\{q_x, {}_{1|}q_x, \ldots, {}_{n-1|}q_x, {}_np_x\}$ は確率分布であり, これらの生命確率に $\ddot{a}_{\overline{1}|}, \ddot{a}_{\overline{2}|}$, $\ldots, \ddot{a}_{\overline{n}|}, \ddot{a}_{\overline{n}|}$ をそれぞれ対応させて加重平均した式を変形すると, 生命年金現価の (5.116) 式に一致するのを確かめることができる. すなわち,

$$\ddot{a}_{x:\overline{n}|} = \ddot{a}_{\overline{1}|} \cdot q_x + \ddot{a}_{\overline{2}|} \cdot {}_{1|}q_x + \cdots + \ddot{a}_{\overline{n}|} \cdot {}_{n-1|}q_x + \ddot{a}_{\overline{n}|} \cdot {}_np_x \tag{5.167}$$

$$= \frac{1}{D_x} \sum_{t=1}^{n} C_{x+t-1} \ddot{s}_{\overline{t}|} + \frac{D_{x+n}}{D_x} \ddot{s}_{\overline{n}|} \qquad (\ddot{a}_{\overline{t}|} = v^t \ddot{s}_{\overline{t}|}) \tag{5.168}$$

**76** 第5章 保険料

このように，生命年金現価を期待値として確率論的に表示できる．次の確率論的表示も，定義式に一致することを確認できる．

$$a_{x:\overline{n}|}^{(k)} = \sum_{t=0}^{nk-1} a_{\frac{t}{k}|}^{(k)} \left( {}_{\frac{t}{k}} p_x - {}_{\frac{t+1}{k}} p_x \right) + a_{\overline{n}|}^{(k)} \cdot {}_n p_x \tag{5.169}$$

$$\overline{a}_{x:\overline{n}|} = \int_0^n \overline{a}_{\overline{t}|} \cdot {}_t p_x \mu_{x+t} dt + \overline{a}_{\overline{n}|} \cdot {}_n p_x \tag{5.170}$$

$$(I\ddot{a})_{x:\overline{n}|} = \sum_{t=1}^n (I\ddot{a})_{\overline{t}|} \cdot {}_{t-1|} q_x + (I\ddot{a})_{\overline{n}|} \cdot {}_n p_x \tag{5.171}$$

なお，定期保険・養老保険の一時払純保険料については，定義式自体が確率論的表示である（定義式 (5.124), (5.126) 参照，定期保険は $0 \cdot {}_n p_x$ の項を追加すると考える）．

### 保険料返還付保険

$x$ 歳加入，$n$ 年満期，保険料年払全期払，保険金額 1 の生存保険において，死亡すればその年度末に既払込営業保険料を支払うときに，その一時払純保険料 $A$ は，

$$A = P^*(IA)_{x:\overline{n}|}^1 + A_{x:\overline{n}|}^{\phantom{1}1} \tag{5.172}$$

$x$ 歳加入，$n$ 年満期，保険料年払全期払込，保険金額 1 の生存保険において，死亡すればその年度末に既払込営業保険料に予定利率と等しい利率による利息を付けて支払うときに，その一時払純保険料 $A'$ は，年払平準営業保険料 $P^*$ に対し，

$$\begin{aligned}
A' &= \sum_{t=1}^n P^* \ddot{s}_{\overline{t}|} \cdot v^t \cdot {}_{t-1|} q_x + A_{x:\overline{n}|}^{\phantom{1}1} \\
&= P^* \sum_{t=1}^n \ddot{a}_{\overline{t}|} \cdot {}_{t-1|} q_x + A_{x:\overline{n}|}^{\phantom{1}1} \\
&= P^* \left( \ddot{a}_{x:\overline{n}|} - \ddot{a}_{\overline{n}|} \cdot {}_n p_x \right) + A_{x:\overline{n}|}^{\phantom{1}1}
\end{aligned} \tag{5.173}$$

## 5.3 純保険料　77

**完全年金**

期末払生命年金であるが，期中の死亡に対して，前期末から死亡までの端数期間を $\alpha$ $(0 < \alpha < 1)$ 年間とするとき，年金額の $\alpha$ 倍を追加して支払う年金を**完全年金**という．$x$ 歳加入，年度末支払の $n$ 年完全年金の現価 $\mathring{a}_{x:\overline{n}|}$ は，

$$\mathring{a}_{x:\overline{n}|} = a_{x:\overline{n}|} + \sum_{t=0}^{n-1} \int_0^1 s \cdot v^{t+s} \cdot {}_{t+s}p_x \cdot \mu_{x+t+s} ds \tag{5.174}$$

$$= \sum_{t=0}^{n-1} \int_0^1 \left( a_{\overline{t}|} + s v^{t+s} \right) {}_{t+s}p_x \cdot \mu_{x+t+s} ds + \overline{a}_{\overline{n}|} \cdot {}_n p_x \tag{5.175}$$

$$\mathring{a}_{x:\overline{n}|} \approx \frac{\delta}{i} \cdot \overline{a}_{x:\overline{n}|} \tag{5.176}$$

年 $k$ 回払の $n$ 年完全年金の現価 $\mathring{a}_{x:\overline{n}|}^{(k)}$ は，

$$\mathring{a}_{x:\overline{n}|}^{(k)} \approx a_{x:\overline{n}|}^{(k)} + \frac{1}{2k} \overline{A}_{x:\overline{n}|}^1 \tag{5.177}$$

**連続払の年金現価・純保険料の微分公式**

$$\frac{d}{dx} \overline{a}_{x:\overline{n}|} = \mu_x \cdot \overline{a}_{x:\overline{n}|} - \overline{A}_{x:\overline{n}|}^1 \tag{5.178}$$

$$\frac{d}{dx} \overline{a}_x = (\mu_x + \delta) \overline{a}_x - 1 \tag{5.179}$$

$$\frac{d}{dx} \left( l_x \overline{a}_x \right) = -l_x \overline{A}_x \tag{5.180}$$

$$\frac{d}{di} \overline{a}_{x:\overline{n}|} = -v (\overline{I}\overline{a})_{x:\overline{n}|} \tag{5.181}$$

$$\frac{d}{d\delta} \overline{a}_{x:\overline{n}|} = -(\overline{I}\overline{a})_{x:\overline{n}|} \tag{5.182}$$

$$\frac{d}{dx} \overline{P}_{x:\overline{n}|}^{(\infty)} = \left( \overline{P}_{x:\overline{n}|}^{(\infty)} + \delta \right) \left( \overline{P}_{x:\overline{n}|}^{1 (\infty)} - \mu_x \right) \tag{5.183}$$

$$\frac{d}{di} A_{x:\overline{n}|}^1 = -v (IA)_{x:\overline{n}|}^1 \tag{5.184}$$

**78** 第 5 章 保険料

純保険料に関する重要公式

---

重要！

$$A_{x:\overline{n}|} = 1 - d\ddot{a}_{x:\overline{n}|} = v \cdot \ddot{a}_{x:\overline{n}|} - a_{x:\overline{n-1}|} \tag{5.185}$$

$$A_x = 1 - d\ddot{a}_x \tag{5.186}$$

$$A^{1}_{x:\overline{n}|} = 1 - d\ddot{a}_{x:\overline{n}|} - v^n {}_np_x \tag{5.187}$$

---

$$\overline{A}_{x:\overline{n}|} = 1 - \delta\overline{a}_{x:\overline{n}|} \tag{5.188}$$

$$P_{x:\overline{n}|} = \frac{1}{\ddot{a}_{x:\overline{n}|}} - d \tag{5.189}$$

$$\overline{P}^{(\infty)}_{x:\overline{n}|} = \frac{1}{\overline{a}_{x:\overline{n}|}} - \delta \tag{5.190}$$

$$A^{1}_{x:\overline{n}|} = v \cdot \ddot{a}_{x:\overline{n}|} - a_{x:\overline{n}|} \tag{5.191}$$

$(IA)_{x:\overline{n}|} = (IA)^{1}_{x:\overline{n}|} + nA^{1}_{x:\overline{n}|}$ とおくと，

$$(IA)_{x:\overline{n}|} = \ddot{a}_{x:\overline{n}|} - d(I\ddot{a})_{x:\overline{n}|} \tag{5.192}$$

$$(I\ddot{a})_{x:\overline{n}|} - (Ia)_{x:\overline{n}|} = \ddot{a}_{x:\overline{n}|} - n \cdot v^n {}_np_x \tag{5.193}$$

$$(I\ddot{a})_{x:\overline{n}|} = \ddot{a}_{x:\overline{n}|} + vp_x(I\ddot{a})_{x+1:\overline{n-1}|} \tag{5.194}$$

$$(I\ddot{a})_{x:\overline{n}|} - (Ia)_{x:\overline{n-1}|} = \ddot{a}_{x:\overline{n}|} \tag{5.195}$$

$$(I\ddot{a})_{x:\overline{n}|} + (D\ddot{a})_{x:\overline{n}|} = (n+1)\ddot{a}_{x:\overline{n}|} \tag{5.196}$$

$$(IA)^{1}_{x:\overline{n}|} + (DA)^{1}_{x:\overline{n}|} = (n+1)A^{1}_{x:\overline{n}|} \tag{5.197}$$

以下の再帰式公式も重要である．

## 5.4 営業保険料 **79**

---

**重要！**

$$\ddot{a}_{x:\overline{n|}} = 1 + vp_x \cdot \ddot{a}_{x+1:\overline{n-1|}} = \ddot{a}_{x:\overline{t|}} + A_{x:\overline{t|}}^{\frac{1}{}} \cdot \ddot{a}_{x+t:\overline{n-t|}} \tag{5.198}$$

$$\ddot{a}_x = 1 + vp_x \cdot \ddot{a}_{x+1} = \ddot{a}_{x:\overline{t|}} + A_{x:\overline{t|}}^{\frac{1}{}} \cdot \ddot{a}_{x+t} \tag{5.199}$$

$$A_{x:\overline{n|}} = vq_x + vp_x \cdot A_{x+1:\overline{n-1|}} = A_{x:\overline{t|}}^{1} + A_{x:\overline{t|}}^{\frac{1}{}} \cdot A_{x+t:\overline{n-t|}} \tag{5.200}$$

$$A_{x:\overline{n|}}^{1} = vq_x + vp_x \cdot A_{x+1:\overline{n-1|}}^{1} = A_{x:\overline{t|}}^{1} + A_{x:\overline{t|}}^{\frac{1}{}} \cdot A_{x+t:\overline{n-t|}}^{1} \tag{5.201}$$

$$A_{x:\overline{n|}}^{\frac{1}{}} = vp_x \cdot A_{x+1:\overline{n-1|}}^{\frac{1}{}} = A_{x:\overline{t|}}^{\frac{1}{}} \cdot A_{x+t:\overline{n-t|}}^{\frac{1}{}} \tag{5.202}$$

$$A_x = vq_x + vp_x \cdot A_{x+1} = A_{x:\overline{t|}}^{1} + A_{x:\overline{t|}}^{\frac{1}{}} \cdot A_{x+t} \tag{5.203}$$

---

第 $t$ 年度内 $(1 \leq t < n)$ の死亡に対し，第 $t+1$ 年度始から第 $n$ 年度始まで，年金額 1 を支払う年金の現価は，確定年金現価から生命年金現価を差し引くことで計算できる．すなわち，

$$\ddot{a}_{\overline{n|}} - \ddot{a}_{x:\overline{n|}} = \sum_{t=1}^{n-1} {}_{t-1|}q_x \cdot v^t \ddot{a}_{\overline{n-t|}} = \frac{1}{D_x} \sum_{t=1}^{n-1} C_{x+t-1} \cdot \ddot{a}_{\overline{n-t|}} \tag{5.204}$$

$$(I\ddot{a})_{\overline{n|}} - (I\ddot{a})_{x:\overline{n|}} = \frac{1}{D_x} \sum_{t=1}^{n-1} C_{x+t-1} \left\{ (I\ddot{a})_{\overline{n-t|}} + t \cdot \ddot{a}_{\overline{n-t|}} \right\} \tag{5.205}$$

## 5.4　営業保険料

　営業保険料に組み込まれる予定事業費率 $\alpha, \beta, \gamma$ について，イメージが湧くようにまとめておく．本番では問題文の指示に従うように．

- **予定新契約費 $\alpha$**
  保険金額に比例する予定新契約費．契約締結に際して発生する費用であり，例えば募集手数料・約款の印刷費・データベースへの登録コストなどを賄うためのもの．保険期間を通じて加入時にのみ徴収する．

- **予定集金費 $\beta$**
  営業保険料に比例する予定集金費．営業保険料の集金業務に際して発生

**80**　第5章　保険料

する費用であり，例えば集金人への給与，収納機関・クレジットカード
会社への手数料などを賄うためのもの．収納のつど徴収する．ただし，
一時払の場合は徴収しない．

● **予定維持費 $\gamma$**
　保険金額に比例する予定維持費．保険契約の維持・管理に際して発生す
る費用であり，例えば保険会社の内務職員人件費，物件費などを賄うた
めのもの．保険期間を通じて毎年度徴収する．なお一般には，保険料払
込期間中と保険料払込期間後とで料率を変え，後者を予定維持費 $\gamma'$ で
表すこともある．

（例）$x$ 歳加入，保険料年払 $m$ 年払込，保険金年度末支払，保険金額1の終
身保険の年払平準営業保険料 $P^*$ を計算したい．予定新契約費は保険金額
1あたり $\alpha$ とし，予定集金費は年払平準営業保険料1あたり $\beta$，予定維持
費は保険料払込期間中は保険金額1あたり $\gamma$，保険料払込期間後は保険金額
1あたり $\gamma'$ とする．収支相等の式を立てると，

$$P^* \ddot{a}_{x:\overline{m|}} = A_x + \alpha + \beta P^* \ddot{a}_{x:\overline{m|}} + \gamma \ddot{a}_{x:\overline{m|}} + \gamma'\,_{m|}\ddot{a}_x \qquad (5.206)$$

あとは式 (5.206) を $P^*$ について整理すればよい．

# ■第6章
# 責任準備金

## 6.1 責任準備金（純保険料式）

### 6.1.1 概要

　**責任準備金**とは，保険会社が将来の保険金支払に備えて積み立てておくべき，契約者に対する負債である．

#### ■責任準備金計算の仮定

- 生存する被保険者1人あたりで計算する．
- 運用および保険金支払は，純保険料計算時の予定利率・予定死亡率の通りになされる．
- 保険金受取人への給付は，被保険者の死亡にかかるものは既に支払がなされ，生存にかかるものは未だ支払がなされていない．
- 当該時点で収入すべき保険料は未だ収入がなされておらず，責任準備金計算の直後に収入がなされる．

　以下より，任意の保険契約の第 $t$ 保険年度末**純保険料式責任準備金**を $_tV$ と表記する．

## 82　第6章　責任準備金

## 6.1.2　責任準備金（純保険料式）の計算

純保険料式責任準備金の計算方法は5通りある.

1. 過去法
2. 将来法
3. 養老保険については (6.13) の公式
4. ファクラーの再帰式
5. Thiele の微分方程式

この順に, 各々から派生する論点も合わせて述べる.

**過去法**

定義式は,

$$_tV = (第\,t\,年度までの収入の終価) - (第\,t\,年度までの支出の終価) \quad (6.1)$$

$x$ 歳加入, 保険料年払全期払込, 保険金年度末支払, 保険金額 1, 保険期間 $n$ 年の養老保険の第 $t$ 保険年度末純保険料式責任準備金 $_tV_{x:\overline{n}|}$ $(1 \le t \le n)$ は,

$$_tV_{x:\overline{n}|} = \frac{N_x - N_{x+t}}{D_{x+t}} P_{x:\overline{n}|} - \frac{M_x - M_{x+t}}{D_{x+t}} \quad (6.2)$$

$x$ 歳加入, 保険料年払全期払込, 保険金年度末支払, 保険金額 1, 保険期間 $n$ 年の定期保険の第 $t$ 保険年度末純保険料式責任準備金 $_tV_{x:\overline{n}|}^{1}$ $(1 \le t \le n)$ は,

$$_tV_{x:\overline{n}|}^{1} = \frac{N_x - N_{x+t}}{D_{x+t}} P_{x:\overline{n}|}^{1} - \frac{M_x - M_{x+t}}{D_{x+t}} \quad (6.3)$$

(6.2), (6.3) 式を変形するとそれぞれ,

$$P_{x:\overline{n}|} \cdot \ddot{a}_{x:\overline{t}|} = A_{x:\overline{t}|}^{1} + A_{x:\overline{t}|}^{\ 1} \cdot {}_tV_{x:\overline{n}|} \quad (6.4)$$

$$P_{x:\overline{n}|}^{1} \cdot \ddot{a}_{x:\overline{t}|} = A_{x:\overline{t}|}^{1} + A_{x:\overline{t}|}^{\ 1} \cdot {}_tV_{x:\overline{n}|}^{1} \quad (6.5)$$

これらの2式は，第$t$年度までの総収入を契約時点で評価した額が，第$t$年度までの支出額を契約時点で評価した額と，それ以降の支出額を契約時点で評価した額とに分解できることを示している．さらに，(6.4)式より，

重要！
$$_tV_{x:\overline{n}|} = \frac{P_{x:\overline{n}|} - P^1_{x:\overline{t}|}}{P^{\ 1}_{x:\overline{t}|}} \tag{6.6}$$

**将来法**

定義式は，

$$_tV = (\text{第}\ t+1\ \text{年度以降の支出の現価}) - (\text{第}\ t+1\ \text{年度以降の収入の現価}) \tag{6.7}$$

$x$歳加入，保険金額1，保険期間$n$年の養老保険の第$t$保険年度末純保険料式責任準備金の式を将来法で立てる．$m\,(<n)$年間の保険料短期払込，保険金年度末払のときは，$t<m$として，

$$^m_tV_{x:\overline{n}|} = A_{x+t:\overline{n-t}|} - {}_mP_{x:\overline{n}|} \cdot \ddot{a}_{x+t:\overline{m-t}|} \tag{6.8}$$

保険料年$k$回全期払込，保険金$\dfrac{1}{k}$年末払のときは，

$$_tV^{(k)}_{x:\overline{n}|} = A^{(k)}_{x+t:\overline{n-t}|} - P^{(k)}_{x:\overline{n}|} \cdot \ddot{a}^{(k)}_{x+t:\overline{n-t}|} \tag{6.9}$$

保険料全期払込，保険金即時払のときは，

$$_t\overline{V}_{x:\overline{n}|} = \overline{A}_{x+t:\overline{n-t}|} - \overline{P}_{x:\overline{n}|} \cdot \ddot{a}_{x+t:\overline{n-t}|} \tag{6.10}$$

保険料年$k$回全期払込，保険金即時払のときは，

$$_t\overline{V}^{(k)}_{x:\overline{n}|} = \overline{A}_{x+t:\overline{n-t}|} - \overline{P}^{(k)}_{x:\overline{n}|} \cdot \ddot{a}^{(k)}_{x+t:\overline{n-t}|} \tag{6.11}$$

保険料連続払，保険金即時払のときは，

$$_t V^{(\infty)}_{x:\overline{n}|} = \overline{A}_{x+t:\overline{n-t}|} - \overline{P}^{(\infty)}_{x:\overline{n}|} \cdot \overline{a}_{x+t:\overline{n-t}|} \tag{6.12}$$

**84**　第 6 章　責任準備金

(6.9) 式を, $k = 1$ として変形すると,

---

**重要 !**

$$_tV_{x:\overline{n}|} = 1 - \frac{\ddot{a}_{x+t:\overline{n-t}|}}{\ddot{a}_{x:\overline{n}|}} \tag{6.13}$$

---

$x$ 歳加入, 保険料年払全期払込, 保険金額 1 の終身保険を第 $t$ 保険年度末責任準備金 $_tV_x$ の式を将来法で立てると,

$$_tV_x = A_{x+t} - P_x \cdot \ddot{a}_{x+t} \tag{6.14}$$

養老保険の場合に過去法と将来法の一致を確かめる. (6.4) 式より,

$$_tV_{x:\overline{n}|} = \frac{1}{v^t {}_tp_x} \left( P_{x:\overline{n}|} \cdot \ddot{a}_{x:\overline{t}|} - A^1_{x:\overline{t}|} \right) \tag{6.15}$$

$$= A_{x+t:\overline{n-t}|} - P_{x:\overline{n}|} \cdot \ddot{a}_{x+t:\overline{n-t}|} \quad (\text{公式}\,(5.198),(5.200)\,\text{を適用}) \tag{6.16}$$

(6.15) 式は, 第 $t$ 年度までの契約時の収入現価から支出現価を差し引いた額を $v^t {}_tp_x$ で除することにより, 第 $t$ 年度末に生存している被保険者についての価値に換算し, その時点での過去法による責任準備金を示している.

### 責任準備金の公式

$$_tV_{x:\overline{n}|} = 1 - \frac{\ddot{a}_{x+t:\overline{n-t}|}}{\ddot{a}_{x:\overline{n}|}} \tag{6.17}$$

$$_tV_x = 1 - \frac{\ddot{a}_{x+t}}{\ddot{a}_x} \tag{6.18}$$

$$_tV_x^{(\infty)} = 1 - \frac{\overline{a}_{x+t}}{\overline{a}_x} \tag{6.19}$$

$$_{n-1}V_{x:\overline{n}|} = v - P_{x:\overline{n}|} \tag{6.20}$$

$$_tV_x = 1 - (1 - {}_1V_x)(1 - {}_1V_{x+1})\cdots(1 - {}_1V_{x+t-1}) \tag{6.21}$$

$$_tV_{x:\overline{m}|} - {}_tV_{x:\overline{n}|} = (P_{x:\overline{m}|} - P_{x:\overline{n}|})\frac{N_x - N_{x+t}}{D_{x+t}} \quad (m < n) \tag{6.22}$$

## 6.1 責任準備金（純保険料式）

### $_tV_{x:\overline{n|}}$ の確率論的表示

$_tV_{x:\overline{n|}}$ を確率論的に表示すると，

$$
\begin{aligned}
_tV_{x:\overline{n|}} &= A_{x+t:\overline{n-t|}} - P_{x:\overline{n|}} \cdot \ddot{a}_{x+t:\overline{n-t|}} \\
&= \left( \sum_{s=1}^{n-t} v^s {}_{s-1|}q_{x+t} + v^{n-t} {}_{n-t}p_{x+t} \right) \\
&\quad - P_{x:\overline{n|}} \left( \sum_{s=1}^{n-t} \ddot{a}_{\overline{s|}} \cdot {}_{s-1|}q_{x+t} + \ddot{a}_{\overline{n-t|}} \cdot {}_{n-t}p_{x+t} \right) \\
&= \sum_{s=1}^{n-t} \left( v^s - P_{x:\overline{n|}} \cdot \ddot{a}_{\overline{s|}} \right) {}_{s-1|}q_{x+t} + \left( v^{n-t} - P_{x:\overline{n|}} \cdot \ddot{a}_{\overline{n-t|}} \right) {}_{n-t}p_{x+t}
\end{aligned}
$$

$$\tag{6.23}$$

### ファクラーの再帰式

養老保険について，第 $t-1$ 年度末の責任準備金に第 $t$ 年度始の保険料収入が加わって予定利率により運用された総額が，第 $t$ 年度末に死亡保険金支払に充てられ，また第 $t+1$ 年度以降に繰り越されるから，

$$
l_{x+t-1} \left( {}_{t-1}V_{x:\overline{n|}} + P_{x:\overline{n|}} \right) (1+i) = d_{x+t-1} + l_{x+t} \cdot {}_tV_{x:\overline{n|}} \tag{6.24}
$$

両辺に $\dfrac{v}{l_{x+t-1}}$ を乗じてファクラーの再帰式を得る．

$$
{}_{t-1}V_{x:\overline{n|}} + P_{x:\overline{n|}} = v q_{x+t-1} + v p_{x+t-1} \cdot {}_tV_{x:\overline{n|}} \tag{6.25}
$$

さらに両辺に $v^{t-1} {}_{t-1}p_x$ を乗じると，

$$
v^{t-1} {}_{t-1}p_x \cdot {}_{t-1}V_{x:\overline{n|}} + P_{x:\overline{n|}} \cdot v^{t-1} {}_{t-1}p_x = v^t {}_{t-1|}q_x + v^t {}_tp_x \cdot {}_tV_{x:\overline{n|}} \tag{6.26}
$$

(6.26) 式に $1 \le t \le n$ を代入した各式の辺々を加えると，

**86** 第6章 責任準備金

$$
\begin{aligned}
{}_0V_{x:\overline{n}|} + P_{x:\overline{n}|} &= vq_x &&+ \cancel{vp_x \cdot {}_1V_{x:\overline{n}|}} \\
\cancel{vp_x \cdot {}_1V_{x:\overline{n}|}} + P_{x:\overline{n}|} \cdot vp_x &= v^2{}_{1|}q_x &&+ \cancel{v^2{}_2p_x \cdot {}_2V_{x:\overline{n}|}} \\
&\vdots
\end{aligned}
$$

$$
\cancel{v^{n-1}{}_{n-1}p_x \cdot {}_{n-1}V_{x:\overline{n}|}} + P_{x:\overline{n}|} \cdot v^{n-1}{}_{n-1}p_x = v^n{}_{n-1|}q_x + v^n{}_np_x \cdot {}_nV_{x:\overline{n}|}
$$

$$
P_{x:\overline{n}|} \cdot \ddot{a}_{x:\overline{n}|} = A_{x:\overline{n}|}
$$

$$
({}_0V_{x:\overline{n}|} = 0,\ {}_nV_{x:\overline{n}|} = 1) \tag{6.27}
$$

このような手順により，年払平準純保険料を計算できる．

(6.25) 式を変形して "保険料の分解" を行うと，

$$
P_{x:\overline{n}|} = \underbrace{vq_{x+t-1}\left(1 - {}_tV_{x:\overline{n}|}\right)}_{\text{危険保険料}} + \underbrace{\left(v_t V_{x:\overline{n}|} - {}_{t-1}V_{x:\overline{n}|}\right)}_{\text{貯蓄保険料}} \tag{6.28}
$$

ここで，この養老保険契約の被保険者が死亡した場合の被保険者集団の負担額 $1 - {}_tV_{x:\overline{n}|}$ を**危険保険金**という．その額を保険金額とみなしたときの 1 年定期保険の純保険料 $vq_{x+t-1}(1 - {}_tV_{x:\overline{n}|})$ を，第 $t$ 保険年度における**危険保険料**という．

また，第 $t-1$ 年度末の責任準備金 ${}_{t-1}V_{x:\overline{n}|}$ を ${}_tV_{x:\overline{n}|}$ に向けて積み上げるための純保険料が，第 $t$ 保険年度における**貯蓄保険料** $v_t V_{x:\overline{n}|} - {}_{t-1}V_{x:\overline{n}|}$ である．

### Thiele の微分方程式

連続払純保険料の年額を $P_t^{(\infty)}$，生存給付金の年額を $E_t$，死亡保険金額を $S_t$ として，

$$
\frac{d}{dt}{}_tV^{(\infty)} = P_t^{(\infty)} + \delta_t V^{(\infty)} - \mu_{x+t}\left(S_t - {}_tV^{(\infty)}\right) - E_t \tag{6.29}
$$

$\mu_{x+t}\left(S_t - {}_tV^{(\infty)}\right)$ の項が，死亡保険にかかる危険保険料を示唆している．

保険料一時払の生存保険で，保険期間途中の死亡に対しては責任準備金の $c\ (0 \le c \le 1)$ 倍を即時払するときの一時払純保険料 ${}_0V^{(\infty)}$ は，(6.29) 式を $P_t^{(\infty)} = 0,\ E_t = 0$ として解くことにより，次の結果となる．

$$
{}_0V^{(\infty)} = v^n \cdot ({}_np_x)^{(1-c)} \tag{6.30}
$$

## 6.2 実務上の責任準備金

### 6.2.1 チルメル式責任準備金

チルメル期間を $h$（$h$ は $1 \leq h \leq n$ の整数）として，ある保険の $h$ 年チルメル式責任準備金を $_tV^{[hz]}$ で表す．

いま，その保険の年払平準純保険料 $P$ に対し，$P_1 < P < P_2$ を満たす2段階の年払純保険料 $P_1, P_2$ を，次の (6.31), (6.32) の両式が成り立つように設定する．

**チルメル割合** $\alpha$ $(\alpha > 0)$ について，

$$P_2 - P_1 = \alpha \tag{6.31}$$

$h$ 年経過までの純保険料収入について，

$$P\ddot{a}_{x:\overline{h}|} = P_1 + P_2(\ddot{a}_{x:\overline{h}|} - 1) \tag{6.32}$$

すると，

$$P_2 = P + \frac{\alpha}{\ddot{a}_{x:\overline{h}|}} \tag{6.33}$$

$$P_1 = P - \alpha\left(1 - \frac{1}{\ddot{a}_{x:\overline{h}|}}\right) \tag{6.34}$$

$1 \leq t \leq h$ において $_tV^{[hz]}$ は，第 $t+1$ 年度始における，その保険の一時払純保険料を $A$ とおけば将来法により，

$$
\begin{aligned}
_tV^{[hz]} &= A - \{P_2 \cdot \ddot{a}_{x+t:\overline{h-t}|} + P(\ddot{a}_{x+t:\overline{n-t}|} - \ddot{a}_{x+t:\overline{h-t}|})\} \\
&= {_tV} - \frac{\ddot{a}_{x+t:\overline{h-t}|}}{\ddot{a}_{x:\overline{h}|}}\alpha
\end{aligned} \tag{6.35}
$$

公式 (6.35) において，$t = 0$ とすると，形式的に，

$$_0V^{[hz]} = -\alpha \tag{6.36}$$

チルメル期間 $h$ が保険料払込期間 $n$ と一致するときは**全期チルメル式**とよび，その責任準備金は $_tV^{[z]}$ で表す．

養老保険の全期チルメル式責任準備金 $_tV^{[z]}_{x:\overline{n}|}$ は，公式 (6.4) と同様に，

$$P_1 + P_2(\ddot{a}_{x:\overline{t}|} - 1) = A^1_{x:\overline{t}|} + A^{\;\;1}_{x:\overline{t}|} \cdot {_tV^{[z]}_{x:\overline{n}|}} \tag{6.37}$$

## 88　第6章　責任準備金

### 6.2.2　初年度定期式責任準備金

$x$ 歳加入，保険料 $m$ 年払込，保険金年度末支払，保険金額 1，保険期間 $n$ 年の養老保険の第 $t$ 保険年度末全期チルメル式責任準備金 ${}^{m}_{t}V^{[h]}_{x:\overline{n}|}$ において，

$$
{}^{m}_{1}V^{[z]}_{x:\overline{n}|} = 0 \tag{6.38}
$$

とするように積み立てるときの責任準備金を，**初年度定期式責任準備金**という．このとき，$1 \leq t \leq m$ において，

$$
{}^{m}_{t}V^{[z]}_{x:\overline{n}|} = {}^{m-1}_{t-1}V_{x+1:\overline{n-1}|} \tag{6.39}
$$

$$
P_2 = {}_{m-1}P_{x+1:\overline{n-1}|} \tag{6.40}
$$

$$
P_1 = vq_x \tag{6.41}
$$

$$
\alpha = \left( {}_{m-1}P_{x+1:\overline{n-1}|} - {}_{m}P_{x:\overline{n}|} \right) \ddot{a}_{x:\overline{m}|} = {}_{m-1}P_{x+1:\overline{n-1}|} - vq_x \tag{6.42}
$$

## 6.3　解約その他諸変更に伴う計算

### 6.3.1　解約返戻金

$t$ 年経過後に契約者による解約がなされれば，**解約返戻金**が返金される．例えば解約控除の率 $\sigma$ に対して解約返戻金 ${}_{t}W$ は，

$$
{}_{t}W = {}_{t}V - \sigma\frac{\max\{0,\ 10-t\}}{10} \tag{6.43}
$$

解約が契約期間の後期になされるほど，契約期間初期での保険会社の負担を転嫁する必要性が小さくなるので，解約控除額 $\sigma \cdot \dfrac{\max\{0,\ 10-t\}}{10}$ も低くなる．なお，本番では問題文の指示に従うように．

### 6.3.2　保険料振替貸付

第 $t+1$ 年度始での契約者への貸付金総額を ${}_{t}L$，年払保険料を $P$，貸付利率を $i'$ とおく．不等式 (6.44) が満たされるならば，第 $t+1$ 年度始において

契約者に**保険料振替貸付**[*1] を実行することができる.

$$(1 + i')(P + {}_tL) \leq {}_{t+1}W \tag{6.44}$$

### 6.3.3 払済保険

一部の保険種類に限られるが,解約返戻金を原資として保険料の支払いを停止し,**払済保険**に変更することができる.すなわち,元の保険契約と保障の種類,保険期間の終期を同じくして,新たに保険金額(**払済保険金額**という)を定める取り扱いである.以下,元の保険契約が養老保険の場合で説明する.その払済保険金額 $S$ は,保険金額 1 あたりの払済後の維持費 $\gamma'$ に対し,式 (6.45) が成り立つように計算する.

$$ {}_tW = S\left(A_{x+t:\overline{n-t|}} + \gamma'\ddot{a}_{x+t:\overline{n-t|}}\right) \tag{6.45}$$

### 6.3.4 延長保険

払済保険では保険の期間・種類を維持したのに対して**延長保険**では,元の保険金額 $S$ を維持したまま,残余期間につき元の契約以下として(元が養老保険であっても)定期保険にして継続する.その延長保険の期間は,延長保険金額 1 あたりの維持費 $\gamma'$ に対し,下記の式 (6.46) を満たす整数 $T$ の最大値として求める.

$$ {}_tW \geq S\left(A_{x+t:\overline{T|}}^{1} + \gamma'\ddot{a}_{x+t:\overline{T|}}\right) \tag{6.46}$$

ただし,元の保険期間 $n$ に対して $(T$ の最大値$) > n - t$ ならば,延長保険期間を $n - t$ として元の満期時に生存保険金を支払う.そのときの生存保険金額 $S'$ は,生存保険金額 1 あたりの維持費 $\gamma''$ に対し,次の式 (6.47) が成り

---

[*1] 保険料の払込遅延があった場合,解約返戻金から貸付金を差し引いた金額の範囲内で会社が保険料相当額の貸付を行い,有効契約として継続させること.詳細は [教科書](下巻) p.35 を参照せよ.

**90** 第6章 責任準備金

立つように計算する.

$$_tW = S\left(A_{x+t:\overline{n-t|}}^{1} + \gamma'\ddot{a}_{x+t:\overline{n-t|}}\right) + S'\left(A_{x+t:\overline{n-t|}}^{\phantom{1}1} + \gamma''\ddot{a}_{x+t:\overline{n-t|}}\right) \quad (6.47)$$

また，延長保険に変更された時点で契約者に対する貸付金総額 $_tL$ があった場合を考える．この場合，保険会社の契約者に対する負債額は $_tW - {}_tL$ であるが，これを原資としたままでは $_tL$ が返済されたわけではない．被保険者の死期が迫っているときに延長保険に変更され，その死亡時に当初の $S$ を支払っても，$_tL$ を回収していないことに注意しよう．このような契約者間の不公平を回避するため，延長保険金額を $S - {}_tL$ として処理する．この場合の延長保険の期間は，下記の式 (6.48) を満たす整数 $T'$ の最大値として求める．

$$_tW - {}_tL \geq (S - {}_tL)\left(A_{x+t:\overline{T'|}}^{1} + \gamma'\ddot{a}_{x+t:\overline{T'|}}\right) \quad (6.48)$$

### 6.3.5 保険期間の変更

保険金年度末支払の保険期間 $n$ 年の養老保険から保険期間 $m$ 年 $(m > n)$ への変更が $t$ 年経過後に申し込まれた場合を考える．

変更後の年払保険料として，下記の式 (6.49), (6.50) のように2つの計算方法がある．$P^*$ をそれぞれの営業保険料とすると，

$$P = P_{x:\overline{m|}}^{*} + \frac{{}_tV_{x:\overline{m|}} - {}_tV_{x:\overline{n|}}}{\ddot{a}_{x+t:\overline{m-t|}}} \quad (6.49)$$

$$P' = P_{x+t:\overline{m-t|}}^{*} - \frac{{}_tV_{x:\overline{n|}}}{\ddot{a}_{x+t:\overline{m-t|}}} \quad (6.50)$$

一般には $P$ と $P'$ は一致しないが，営業保険料ではなく純保険料とし，責任準備金を純保険料式とした場合には，$P$ と $P'$ は一致する．

### 6.3.6 転換

転換とは，契約者が以前に購入した保険契約を無駄にすることなく，保険種類や保険金額等を変更した契約に加入できるようにした制度である．それには次の2つの方法 (1), (2) が考えられる．

(1) 元の契約の責任準備金（解約返戻金ではない）を用いて新しい契約と同一の保険期間の払済保険を購入し，新契約の保険料は，新保険金額から払済保険金額を差し引いた金額に対して計算する．そのとき責任準備金で購入できる新しい契約の払済保険金額は，(6.45)における $_tW$ を $V$ でおきかえた

$$\frac{V}{A_{x:\overline{n}|} + \gamma' \ddot{a}_{x:\overline{n}|}} \tag{6.51}$$

である．ただしここで，$V$ は元の契約の責任準備金，$x$ および $n$ は新しい契約の契約年齢および保険期間である．また，(6.51)において分母は養老保険を想定しているが，他の保険にあっても同様の一時払式で表現する（本節において以下同様）．したがって，転換後保険契約の保険金額1に対する営業保険料を $P^*$ とし，転換後の新しい保険金額を $S$ とすれば，

$$P = P^* \left( S - \frac{V}{A_{x:\overline{n}|} + \gamma' \ddot{a}_{x:\overline{n}|}} \right) \tag{6.52}$$

が，転換後の営業保険料である．

(2) 元の契約の責任準備金を利用して新しい契約の保険料の一部に充当し，その分，新しい契約の保険料を減らす．転換時の旧契約の責任準備金を用いて新しい保険期間中に与えられる生命年金を購入し，その年金を保険料の一部に充当すると考えるのである．すなわち

$$P' = P^* \cdot S - \frac{V}{\ddot{a}_{x:\overline{n}|}} \tag{6.53}$$

が，転換後の営業保険料である．

**92**　第6章　責任準備金

　一般には，$P$ と $P'$ は一致しないが，営業保険料 $P^*$ ではなく純保険料とし，(6.51), (6.52)にて $\gamma' = 0$ とした場合には，$P$ と $P'$ は一致する.

# ■第7章

# 連生・就業不能など

## 7.1 連合生命に関する生命保険および年金

夫妻，親子というように複数人を被保険者とし，その構成員の生死を同時に扱う場合を**連生**という．これに対して，今までのように1人だけの生死を扱う場合を**単生**という．

### 7.1.1 連生生命確率

$(x)$ が $l_x$ 人おり，$(y)$ が $l_y$ 人いるとして，$l_{xy}$ を以下のように定義する．

$$l_{xy} = l_x \cdot l_y \tag{7.1}$$

$(x)$ と $(y)$ が $t$ 年後に共存している確率 ${}_tp_{xy}$ は，

$$_tp_{xy} = \frac{l_{x+t,y+t}}{l_{xy}} = {}_tp_x \cdot {}_tp_y \tag{7.2}$$

$$_{s+t}p_{xy} = {}_sp_{xy} \cdot {}_tp_{x+s,y+s} \tag{7.3}$$

時間区間 $[t, t+1]$ で $(x)$ と $(y)$ が共存しなくなる確率 ${}_{t|}q_{xy}$ は，

$$_{t|}q_{xy} = {}_tp_{xy} - {}_{t+1}p_{xy} \tag{7.4}$$

$(x)$ と $(y)$ が $t$ 年後に共存せず，少なくとも1人が死亡している確率 ${}_tq_{xy}$ は，

**94　第 7 章　連生・就業不能など**

$$_tq_{xy} = 1 - {}_tp_{xy} = q_{xy} + {}_{1|}q_{xy} + \cdots + {}_{t-1|}q_{xy} \tag{7.5}$$

$(x)$ と $(y)$ のうちの少なくとも 1 人である**最終生存者**が $t$ 年後に生存している確率 $_tp_{\overline{xy}}$ は,

$$_tp_{\overline{xy}} = {}_tp_x + {}_tp_y - {}_tp_{xy} \tag{7.6}$$

$$_{s+t}p_{\overline{xy}} = {}_{s+t}p_x \cdot {}_sq_y + {}_{s+t}p_y \cdot {}_sq_x + {}_sp_{xy} \cdot {}_tp_{\overline{x+s,y+s}} \tag{7.7}$$

時間区間 $[t, t+1]$ で $(x)$ と $(y)$ のうちの最終生存者が死亡する確率 $_{t|}q_{\overline{xy}}$ は,

$$_{t|}q_{\overline{xy}} = {}_tp_{\overline{xy}} - {}_{t+1}p_{\overline{xy}} = {}_{t|}q_x + {}_{t|}q_y - {}_{t|}q_{xy} \tag{7.8}$$

$(x)$ と $(y)$ のうちの最終生存者が $t$ 年以内に死亡している確率 $_tq_{\overline{xy}}$ は,

$$\begin{aligned}
_tq_{\overline{xy}} &= 1 - {}_tp_{\overline{xy}} = (1 - {}_tp_x)(1 - {}_tp_y) = {}_tq_x + {}_tq_y - {}_tq_{xy} \\
&= q_{\overline{xy}} + {}_{1|}q_{\overline{xy}} + \cdots + {}_{t-1|}q_{\overline{xy}}
\end{aligned} \tag{7.9}$$

$(x)$ と $(y)$ のうちのちょうど 1 人が $t$ 年後に生存している確率 $_tp_{\overline{xy}}^{[1]}$ は,

$$_tp_{\overline{xy}}^{[1]} = {}_tp_x(1 - {}_tp_y) + {}_tp_y(1 - {}_tp_x) = {}_tp_x + {}_tp_y - 2{}_tp_{xy} \tag{7.10}$$

3 人, 4 人のときも同様に拡張できる.

$(x), (y), (z)$ の 3 人中 2 人が $t$ 年後に生存する確率 $_tp_{\overline{xyz}}^{[2]}$ は,

$$_tp_{\overline{xyz}}^{[2]} = {}_tp_{xy} + {}_tp_{xz} + {}_tp_{yz} - 3{}_tp_{xyz} \tag{7.11}$$

$(x), (y), (z)$ の 3 人中少なくとも 2 人が $t$ 年後に生存する確率 $_tp_{\overline{xyz}}^{2}$ は,

$$_tp_{\overline{xyz}}^{2} = {}_tp_{xy} + {}_tp_{xz} + {}_tp_{yz} - 2{}_tp_{xyz} \tag{7.12}$$

$(x), (y), (z)$ の 3 人中第 2 番目の死亡が時間区間 $[t, t+1]$ で起こる確率は,

$$_tp_{\overline{xyz}}^{2} - {}_{t+1}p_{\overline{xyz}}^{2} = {}_{t|}q_{xy} + {}_{t|}q_{xz} + {}_{t|}q_{yz} - 2{}_{t|}q_{xyz} \tag{7.13}$$

$(y), (z)$ の最終生存者と $(x)$ とが $t$ 年後に共存する確率 $_tp_{x,\overline{yz}}$ は,

$$_tp_{x,\overline{yz}} = {}_tp_x \cdot {}_tp_{\overline{yz}} = {}_tp_{xy} + {}_tp_{xz} - {}_tp_{xyz} \tag{7.14}$$

## 7.1.2 連生の死力・余命

共存でなくなるという意味での死力 $\mu_{x+t,y+t}$ は,

$$\mu_{x+t,y+t} = -\frac{1}{l_{x+t,y+t}} \cdot \frac{d\,l_{x+t,y+t}}{dt} \tag{7.15}$$

$$= -\frac{1}{{}_tp_{xy}} \cdot \frac{d\,{}_tp_{xy}}{dt} \tag{7.16}$$

$$= \mu_{x+t} + \mu_{y+t} \tag{7.17}$$

最終生存者の死力 $\mu_{\overline{x+t,y+t}}$ は,

$$\mu_{\overline{x+t,y+t}} = -\frac{1}{{}_tp_{\overline{xy}}} \cdot \frac{d\,{}_tp_{\overline{xy}}}{dt} \tag{7.18}$$

$l_{\overline{xy}}$ という記号は無いので,式 (7.15) に対応する表現は存在しない.

$$_tp_{\overline{xy}} \cdot \mu_{\overline{x+t,y+t}} = {}_tq_y \cdot {}_tp_x\mu_{x+t} + {}_tq_x \cdot {}_tp_y\mu_{y+t} \tag{7.19}$$

$$_{t|}q_{\overline{xy}} = \int_t^{t+1} {}_sp_{\overline{xy}} \cdot \mu_{\overline{x+s,y+s}}ds \tag{7.20}$$

$$_tq_{\overline{xy}} = \int_0^t {}_sp_{\overline{xy}} \cdot \mu_{\overline{x+s,y+s}}ds \tag{7.21}$$

$$\mathring{e}_{xy} = \int_0^\infty {}_sp_{xy}ds \tag{7.22}$$

$$\mathring{e}_{\overline{xy}} = \int_0^\infty {}_sp_{\overline{xy}}ds = \mathring{e}_x + \mathring{e}_y - \mathring{e}_{xy} \tag{7.23}$$

$$\mathring{e}_{\overline{xx}} = 2\mathring{e}_x - \mathring{e}_{xx} \tag{7.24}$$

$(x)$ と $(y)$ が同じ生命表に従い,かつその生命表がメーカムの法則を反映したものである場合,公式 (5.98) によると,${}_tp_x = s^t g^{c^x(c^t-1)}$, ${}_tp_y = s^t g^{c^y(c^t-1)}$ であるが,このとき,

$$2c^w = c^x + c^y \tag{7.25}$$

となるような2人の同一年齢者 $(w)$, $(w)$ に対して,

$$_tp_{xy} = {}_tp_{ww} \tag{7.26}$$

**96　第7章　連生・就業不能など**

が成り立つ．

　すなわち，異なる年齢の2人の共存確率を同一年齢の2人の共存確率で表すことができる．このような $w$ を $x$ と $y$ の**均等年齢**という．

### 7.1.3　連生の条件付生命確率

　$(x)$ の死亡が時間区間 $[t, t+1]$（観察期間）に属する時点 $s$ に起こり，かつ時点 $s$ に $(y)$ が生存しているという条件が成り立つ確率 $_{t|}q_{\overset{1}{x}y}$ は，

$$_{t|}q_{\overset{1}{x}y} = \int_{t}^{t+1} {}_{s}p_{xy} \cdot \mu_{x+s}ds \tag{7.27}$$

　$(x)$ の死亡が観察期間 $[0, t]$ に属する時点 $s$ に起こり，かつ時点 $s$ に $(y)$ が生存しているという条件が成り立つ確率 $_{t}q_{\overset{1}{x}y}$ は，

$$_{t}q_{\overset{1}{x}y} = \sum_{f=0}^{t-1} {}_{f|}q_{\overset{1}{x}y} = \int_{0}^{t} {}_{s}p_{xy} \cdot \mu_{x+s}ds \tag{7.28}$$

　$(x)$, $(y)$ のうち，$(x)$ が，観察期間 $[0, t]$ に属する時点に2番目に死亡するという条件が成り立つ確率 $_{t}q_{\overset{2}{x}y}$ は，

$$
\begin{aligned}
_{t}q_{\overset{2}{x}y} &= \int_{0}^{t} {}_{s}q_{y} \cdot {}_{s}p_{x}\mu_{x+s}ds = \int_{0}^{t} {}_{s}p_{xy}\mu_{y+s} \cdot {}_{t-s}q_{x+s}ds \\
&= {}_{t}q_{\overset{1}{xy}} - {}_{t}q_{y} \cdot {}_{t}p_{x}
\end{aligned}
\tag{7.29}
$$

　連生の死亡確率には，以下の公式が成り立つ．

$$_{t}q_{xy} = {}_{t}q_{\overset{1}{x}y} + {}_{t}q_{x\overset{1}{y}} \tag{7.30}$$

$$_{t}q_{\overline{xy}} = {}_{t}q_{\overset{2}{x}y} + {}_{t}q_{x\overset{2}{y}} \tag{7.31}$$

$$_{t}q_{x} = {}_{t}q_{\overset{1}{x}y} + {}_{t}q_{\overset{2}{x}y} \tag{7.32}$$

　$(x)$ が $(y)$ に先立って死亡するという条件が成り立つ確率 $_{\infty}q_{\overset{1}{x}y}$ は，

$$_{\infty}q_{\overset{1}{x}y} = \int_{0}^{\infty} {}_{s}p_{xy}\mu_{x+s}ds \tag{7.33}$$

$$_{\infty}q_{\overset{1}{x}y} + {}_{\infty}q_{x\overset{1}{y}} = 1 \tag{7.34}$$

$(x)$, $(y)$, $(z)$ のうち $(x)$ の死亡が 1 番目に起こり，かつ $(y)$ の死亡が 2 番目として観察期間 $[t, t+1]$ に属する時点 $s$ に起こり，かつ時点 $s$ で $(z)$ が生存している という条件が成り立つ確率 $_{t|}q_{\underset{1}{x}\underset{}{\overset{2}{y}}z}$ は，

$$_{t|}q_{\underset{1}{x}\overset{2}{y}z} = \int_t^{t+1} {}_sq_x \cdot {}_sp_{yz}\mu_{y+s}ds \tag{7.35}$$

$$_{t|}q_{\overset{2}{y}z} = {}_{t|}q_{x\overset{1}{y}z} + {}_{t|}q_{\underset{1}{x}\overset{2}{y}z} \tag{7.36}$$

$(x)$, $(y)$, $(z)$ の順に死亡し，かつ $(z)$ の死亡が観察期間 $[t, t+1]$ に属する時点で起こるという条件が成り立つ確率 $_{t|}q_{\underset{1}{x}\underset{2}{y}\overset{3}{z}}$ は，

$$_{t|}q_{\underset{1}{x}\underset{2}{y}\overset{3}{z}} = \int_0^t {}_sq_x \cdot {}_sp_{yz}\mu_{y+s} \cdot {}_{t-s}q_{z+s}ds \tag{7.37}$$

$(x)$, $(y)$, $(z)$ のうち $(x)$ の死亡が 1 番目に起こり，かつ観察期間 $[t, t+1]$ に属する時点に，$(y)$ が 2 番目または 3 番目に死亡するという条件が成り立つ確率 $_{t|}q_{\underset{1}{x}\overset{2;3}{y}z}$ は，

$$_{t|}q_{\underset{1}{x}\overset{2;3}{y}z} = {}_{t|}q_{\underset{1}{x}\overset{2}{y}z} + {}_{t|}q_{\underset{1}{x}\underset{2}{y}\overset{3}{}} \tag{7.38}$$

観察期間 $[t, t+1]$ に属するある時点 $s$ で $(x)$ と $(y)$ が共存でなくなり，かつ時点 $s$ で $(z)$ が生存しているという条件が成り立つ確率 $_{t|}q_{\overline{xy}^1,z}$ は，

$$_{t|}q_{\overline{xy}^1,z} = \int_t^{t+1} {}_sp_{xyz} \cdot \mu_{x+s,y+s}ds = {}_{t|}q_{\overset{1}{x}yz} + {}_{t|}q_{x\overset{1}{y}z} \tag{7.39}$$

### 7.1.4 連生の保険・年金

$(x)$, $(y)$ が $n$ 年後に共存しているときに保険金を支払う連生生存保険の一時払純保険料 $A_{xy:\overline{n|}}^{\phantom{xy:}1}$ は，

$$A_{xy:\overline{n|}}^{\phantom{xy:}1} = v^n {}_np_{xy} \tag{7.40}$$

$(x)$, $(y)$ が $n$ 年間に共存するときに限り年金を支払う連生有期年金の現価 (期始払，期末払，連続払) $\ddot{a}_{xy:\overline{n|}}, a_{xy:\overline{n|}}, \overline{a}_{xy:\overline{n|}}$ は，

$$\ddot{a}_{xy:\overline{n|}} = \sum_{t=0}^{n-1} v^t {}_tp_{xy} \tag{7.41}$$

**98** 第7章 連生・就業不能など

$$a_{xy:\overline{n}|} = \sum_{t=1}^{n} v^t\, {}_t p_{xy} \tag{7.42}$$

$$\overline{a}_{xy:\overline{n}|} = \int_0^n v^t\, {}_t p_{xy}\, dt \tag{7.43}$$

$n$ 年間の間に共存でなくなった場合の年度末に保険金を支払う連生定期保険の一時払純保険料 $A_{\overline{xy}:\overline{n}|}^{\,1}$ は,

$$A_{\overline{xy}:\overline{n}|}^{\,1} = \sum_{t=0}^{n-1} v^{t+1}\, {}_{t|}q_{xy} = 1 - d\ddot{a}_{xy:\overline{n}|} - v^n\, {}_n p_{xy} \tag{7.44}$$

連生養老保険の一時払純保険料 $A_{xy:\overline{n}|}$, 年払純保険料 $P_{xy:\overline{n}|}$ は,

$$A_{xy:\overline{n}|} = A_{\overline{xy}:\overline{n}|}^{\,1} + A_{xy:\overline{n}|}^{\;\;1} = 1 - d\ddot{a}_{xy:\overline{n}|} \tag{7.45}$$

$$P_{xy:\overline{n}|} = \frac{A_{xy:\overline{n}|}}{\ddot{a}_{xy:\overline{n}|}} = \frac{1}{\ddot{a}_{xy:\overline{n}|}} - d \tag{7.46}$$

最終生存者連生生存保険の一時払純保険料 $A_{\overline{xy}:\overline{n}|}^{\;\;1}$ は,

$$A_{\overline{xy}:\overline{n}|}^{\;\;1} = v^n\, {}_n p_{\overline{xy}} \tag{7.47}$$

最終生存者連生有期期始払年金の現価 $\ddot{a}_{\overline{xy}:\overline{n}|}$ は,

$$\begin{aligned}
\ddot{a}_{\overline{xy}:\overline{n}|} &= \sum_{t=0}^{n-1} v^t\, {}_t p_{\overline{xy}} \\
&= \ddot{a}_{x:\overline{n}|} + \ddot{a}_{y:\overline{n}|} - \ddot{a}_{xy:\overline{n}|}
\end{aligned} \tag{7.48}$$

$$\begin{aligned}
a_{\overline{xyz}:\overline{n}|} &= \sum_{t=1}^{n} v^t\, {}_t p_{\overline{xyz}} \\
&= a_{x:\overline{n}|} + a_{y:\overline{n}|} + a_{z:\overline{n}|} - a_{xy:\overline{n}|} - a_{xz:\overline{n}|} - a_{yz:\overline{n}|} + a_{xyz:\overline{n}|}
\end{aligned} \tag{7.49}$$

$(x),(y),(z)$ のうちちょうど2人が生存しているときに限り年金を支払う期末払年金の現価 $a_{\overline{xyz}:\overline{n}|}^{[2]}$ は,

$$a_{\overline{xyz}:\overline{n}|}^{[2]} = a_{xy:\overline{n}|} + a_{xz:\overline{n}|} + a_{yz:\overline{n}|} - 3a_{xyz:\overline{n}|} \tag{7.50}$$

$(x)$, $(y)$, $(z)$ のうち少なくとも2人が生存しているときに限り年金を支払う期末払年金の現価 $a^{\overset{2}{}}_{\overline{xyz}:\overline{n}|}$ は,

$$a^{\,2}_{\overline{xyz}:\overline{n}|} = a_{xy:\overline{n}|} + a_{xz:\overline{n}|} + a_{yz:\overline{n}|} - 2a_{xyz:\overline{n}|} \tag{7.51}$$

$(y)$, $(z)$ のうちの最終生存者と $(x)$ とが共存するときに限り年金を支払う期末払年金の現価 $a_{x,\overline{yz}:\overline{n}|}$ は,

$$a_{x,\overline{yz}:\overline{n}|} = \sum_{t=1}^{n} v^t\, {}_t p_{x,\overline{yz}} = a_{xy:\overline{n}|} + a_{xz:\overline{n}|} - a_{xyz:\overline{n}|} \tag{7.52}$$

最終生存者連生定期保険の一時払純保険料 $A^{\,1}_{\overline{xy}:\overline{n}|}$ は,

$$A^{\,1}_{\overline{xy}:\overline{n}|} = A^{\,1}_{x:\overline{n}|} + A^{\,1}_{y:\overline{n}|} - A^{\,1}_{\overline{xy}:\overline{n}|} \tag{7.53}$$

最終生存者連生養老保険の一時払純保険料 $A_{\overline{xy}:\overline{n}|}$, 年払純保険料は,

$$A_{\overline{xy}:\overline{n}|} = A^{\,1}_{\overline{xy}:\overline{n}|} + A^{\;\;1}_{\overline{xy}:\overline{n}|} = 1 - d\ddot{a}_{\overline{xy}:\overline{n}|} \tag{7.54}$$

$$P_{\overline{xy}:\overline{n}|} = \frac{A_{\overline{xy}:\overline{n}|}}{\ddot{a}_{\overline{xy}:\overline{n}|}} = \frac{1}{\ddot{a}_{\overline{xy}:\overline{n}|}} - d \tag{7.55}$$

$(x)$, $(y)$ の最終生存者について, 保険料年払, 保険金年度末支払の養老保険の第 $t$ 年度末責任準備金を, 次の 1.〜3. のときに分けて考える.

1. 両者ともに生存しているとき

$$\begin{aligned}
{}_t V_{\overline{xy}:\overline{n}|} &= A_{\overline{x+t,y-t}:\overline{n-t}|} - P_{\overline{xy}:\overline{n}|} \cdot \ddot{a}_{\overline{x+t,y+t}:\overline{n-t}|} \\
&= 1 - \frac{\ddot{a}_{\overline{x+t,y+t}:\overline{n-t}|}}{\ddot{a}_{\overline{xy}:\overline{n}|}}
\end{aligned} \tag{7.56}$$

2. $(y)$ が $(x)$ に先立って死亡した後のとき

$$_t V = A_{x+t:\overline{n-t}|} - P_{\overline{xy}:\overline{n}|} \cdot \ddot{a}_{x+t:\overline{n-t}|} \tag{7.57}$$

3. $(x)$ が $(y)$ に先立って死亡した後のとき

$$_t V' = A_{y+t:\overline{n-t}|} - P_{\overline{xy}:\overline{n}|} \cdot \ddot{a}_{y+t:\overline{n-t}|} \tag{7.58}$$

## 7.1.5 復帰年金

$(x)$, $(y)$ のうち $(x)$ が先立った年度末より開始し，$(y)$ が生存している限り，毎年度末に第 $n$ 年度まで支払う年金の現価 $a_{x|y:\overline{n}|}$ は，

$$a_{x|y:\overline{n}|} = a_{y:\overline{n}|} - a_{xy:\overline{n}|} \tag{7.59}$$

公式 (7.59) において，$(y)$ の代わりに $(y)$ と $(z)$ のうちの最終生存者 $\overline{yz}$ とすると，

$$a_{x|\overline{yz}:\overline{n}|} = a_{\overline{yz}:\overline{n}|} - a_{x,\overline{yz}:\overline{n}|} = a_{x|y:\overline{n}|} + a_{x|z:\overline{n}|} - a_{x|yz:\overline{n}|} \tag{7.60}$$

公式 (7.59) において，$(x)$ の代わりに $(x)$ と $(y)$ のうちの最終生存者 $\overline{xy}$ とし，年金受給者を $(z)$ とすると，

$$a_{\overline{xy}|z:\overline{n}|} = \sum_{t=1}^{n} {}_{t-1|}q_{\overline{xy}} \cdot v^{t} {}_{t}p_{z} \ddot{a}_{z+t:\overline{n-t+1}|} = a_{z:\overline{n}|} - a_{\overline{xy},z:\overline{n}|} \tag{7.61}$$

## 7.1.6 条件付連生保険

$(x)$, $(y)$ の 2 人を被保険者とし，保険期間 $n$ 年以内に $(x)$ が $(y)$ に先立って死亡するという条件が成り立った場合に，年度末に保険金を支払うときの一時払純保険料 $A^{1}_{xy:\overline{n}|}$ は，

$$A^{1}_{xy:\overline{n}|} = \sum_{t=0}^{n-1} v^{t+1} {}_{t|}q^{1}_{xy} \tag{7.62}$$

また，$A^{1}_{\overline{xy}:\overline{n}|}$ は，

$$A^{1}_{\overline{xy}:\overline{n}|} = A^{1}_{xy:\overline{n}|} + A_{xy:\overline{n}|}^{1} \tag{7.63}$$

$(x)$, $(y)$ の 2 人を被保険者とし，保険期間 $n$ 年以内に $(y)$ が $(x)$ に先立って死亡し，かつ $(x)$ が死亡するという条件が成り立ったとき，$(x)$ 死亡の年度末に保険金を支払うときの一時払純保険料 $A^{2}_{xy:\overline{n}|}$ は，

$$A^{2}_{xy:\overline{n}|} = \sum_{t=0}^{n-1} v^{t+1} {}_{t|}q^{2}_{xy} \tag{7.64}$$

また，連生保険の一時払保険料には下記の関係がある．

$$A^{1}_{x:\overline{n}|} = A^{1}_{xy:\overline{n}|} + A^{2}_{xy:\overline{n}|} \tag{7.65}$$

## 7.2 脱退残存表

### 7.2.1 多重脱退表

以下では3重脱退表のケースを考える．ある多重脱退表には $x$ 歳における原因 $A$, $B$ または $C$ による脱退者数 $d_x^A, d_x^B, d_x^C$ が記載されているとすると，

$$l_{x+1} = l_x - d_x^A - d_x^B - d_x^C \tag{7.66}$$

$x$ 歳における $A$ 脱退率 $q_x^A$, $B$ 脱退率 $q_x^B$, $C$ 脱退率 $q_x^C$ は，

$$q_x^A = \frac{d_x^A}{l_x}, \qquad q_x^B = \frac{d_x^B}{l_x}, \qquad q_x^C = \frac{d_x^C}{l_x} \tag{7.67}$$

1年間の生存率 $p_x^*$ は，

$$p_x^* = \frac{l_{x+1}}{l_x} = 1 - q_x^A - q_x^B - q_x^C \tag{7.68}$$

例えば，死因が心疾患と悪性新生物の2つしかないと仮定する．このとき，心疾患がないときの悪性新生物による死亡を考える．ある被保険者は心疾患により死亡した場合，生存していれば悪性新生物によって死亡する可能性もあり，悪性新生物による死亡数が過小評価されている．このように $A$ 脱退は $B$ 脱退によって隠されている部分があるので，$B$ 脱退，$C$ 脱退が存在しない場合の $A$ による**絶対脱退率** $q_x^{A*}$ を考えることができる．$q_x^{B*}$, $q_x^{C*}$ についても同様であるが，次の仮定をおく．

- 各脱退は，それぞれ独立に発生する．
- 脱退は，1年を通じて一様に発生する．

これらの仮定の下，以下の公式が成り立つ．$A$ 脱退，$B$ 脱退，$C$ 脱退について対称であるから $q_x^B$, $q_x^C$, $q_x^{B*}$, $q_x^{C*}$ についても同様である．

$$q_x^A = q_x^{A*} \left\{ 1 - \frac{1}{2}(q_x^{B*} + q_x^{C*}) + \frac{1}{3} q_x^{B*} q_x^{C*} \right\} \tag{7.69}$$

公式 (7.69) に対し，$q_x^{A*} \cdot q_x^{B*} \cdot q_x^{C*} \approx 0$ であることを数回利用して変形すると，公式 (7.70) という扱いやすい近似式を得ることができる．

$$q_x^{A*} \approx \frac{q_x^A}{1 - \frac{1}{2}q_x^B - \frac{1}{2}q_x^C} = \frac{d_x^A}{l_x - \frac{1}{2}d_x^B - \frac{1}{2}d_x^C} \tag{7.70}$$

$B$ 脱退，$C$ 脱退が存在しない場合に $A$ によって脱退しない確率を $p_x^{A*}$ とおき，$p_x^{B*}, p_x^{C*}$ も同様とすると，仮定より，

$$p_x^* = p_x^{A*} p_x^{B*} p_x^{C*} = \left(1 - q_x^{A*}\right) \left(1 - q_x^{B*}\right) \left(1 - q_x^{C*}\right) \tag{7.71}$$

次に，$x$ 歳の 1 年間において時間幅 $\Delta t \, (\approx 0)$ 年間において $A$ によって脱退する人数をそれぞれ $d_x^A(t)$ とおき，$d_x^B(t), d_x^C(t)$ も同様とすると，

$$l_x - l_{x+\Delta t} = d_x^A(t) + d_x^B(t) + d_x^C(t) \tag{7.72}$$

死力との類似で，$A$ による**脱退力** $\mu_x^A$ を次式のように定義する．

$$\mu_x^A = -\frac{d_x^A(t)}{dt} \cdot \frac{1}{l_x} \tag{7.73}$$

$\mu_x^B, \mu_x^C$ についても同様とする．脱退原因が $A$, $B$, $C$ のみであれば，総合的な脱退力 $\mu_x$ は微分演算の加法性により下記の公式 (7.74) のようになる．

$$\mu_x = \mu_x^A + \mu_x^B + \mu_x^C \tag{7.74}$$

また，脱退力 $\mu_x^A$ を用いると，

$$d_x^A = \int_0^1 l_{x+t} \mu_{x+t}^A dt \tag{7.75}$$

$$p_x^{A*} = \exp\left(-\int_0^1 \mu_{x+t}^A dt\right) \tag{7.76}$$

中央死亡率との類似で**中央脱退率** $m_x^A$ を考えると，

$$m_x^A = \frac{d_x^A}{L_x} \tag{7.77}$$

$l_x$ と $l_{x+1}$ とを直線補間できるとき，

$$m_x^A \approx \frac{d_x^A}{(l_x + l_{x+1})/2} \tag{7.78}$$

$$= \frac{d_x^A}{l_x - \frac{d_x^A}{2} - \frac{d_x^B}{2} - \frac{d_x^C}{2}} \tag{7.79}$$

$$= \frac{q_x^A}{1 - \frac{q_x^A}{2} - \frac{q_x^B}{2} - \frac{q_x^C}{2}} \tag{7.80}$$

また，絶対脱退率と中央死亡率について，以下の公式が成り立つ．

$$q_x^{A*} \approx \frac{2m_x^A}{2 + m_x^A} \tag{7.81}$$

### 7.2.2 死亡解約脱退残存表

生命保険契約は，死亡の他に解約によって消滅する．多重脱退表の一例として，死亡と解約を考慮した2重脱退表を取り上げる．

$x$ 歳と $x+1$ 歳の間での1年間での解約者数を $w_x$ とおくと

$$l_{x+1} = l_x - d_x - w_x \tag{7.82}$$

この2重脱退表における死亡率 $q_x = \dfrac{d_x}{l_x}$，解約率 $q_x^W = \dfrac{w_x}{l_x}$ のうち，前者は通常の単生命表の死亡率とは値が異なる．

単生命表の死亡率に相当するのは，**絶対死亡率** $q_x^*$ である．

$$q_x^* \approx \frac{d_x}{l_x - w_x + \frac{w_x}{2}} = \frac{q_x}{1 - \frac{q_x^W}{2}} \tag{7.83}$$

公式 (7.83) の中央の辺の分母は，$l_x$ から解約者数 $w_x$ を差し引くがそのうちの半数が死亡するとして加えたものであり，これを**経過契約**という．

## 7.3 就業不能（または要介護）に対する諸給付

被保険者が高度障害や要介護状態に見舞われた場合に，給付を保障する保険を考える．

### 7.3.1 死亡・就業不能脱退残存表

多重脱退表の一例として，死亡・就業不能脱退残存表がある．就業不能への給付に関する計算は，この表と次の仮定に基づいて行う．

- 就業者集団からの脱退原因には死亡と就業不能がある．
- 就業不能者集団からの脱退原因は死亡のみである．

この表に現れる記号の意味を見ておこう．次より挙げる記号の右上の添字について，$a$ は就業者・介護不要者 (active) を，$i$ は就業不能者・要介護者 (invalid) をそれぞれ表している．$aa$ あるいは $ii$ と重ねているのは，観察開始時も観察終了時も就業者として，あるいは観察開始時も観察終了時も就業不能者として掴むことを意味する．

なお後出の $ai$ は観察開始時の就業者が観察期間中に就業不能者になることを表す．$a$ を1個あるいは $i$ を1個右上添字とするのは，観察開始時にのみ就業者あるいは就業不能者であれば足りることを意味する（$a$ や $i$ の添字が無ければ通常の単生命表における記号である）．

- $x$ 歳の就業者数: $l_x^{aa}$
- $x$ 歳の就業者が $x+1$ 歳になるまでに就業可能なまま死亡する人数: $d_x^{aa}$
- $x$ 歳の就業者が $x+1$ 歳になるまでに就業不能となる人数: $i_x$
- $x$ 歳の就業不能者数: $l_x^{ii}$
- $x$ 歳の就業不能者が $x+1$ 歳になるまでに死亡する人数: $d_x^{ii}$

$$l_x = l_x^{aa} + l_x^{ii} \tag{7.84}$$

$$d_x = d_x^{aa} + d_x^{ii} \tag{7.85}$$

次の公式 (7.86), (7.87) は，次の図で推移をたどると理解しやすい．

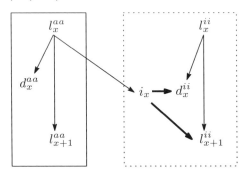

$$l_{x+1}^{aa} = l_x^{aa} - d_x^{aa} - i_x \tag{7.86}$$

$$l_{x+1}^{ii} = l_x^{ii} + i_x - d_x^{ii} \tag{7.87}$$

就業者のまま死亡する確率 $q_x^{aa}$ は,

$$q_x^{aa} = \frac{d_x^{aa}}{l_x^{aa}} \tag{7.88}$$

就業者が就業不能となる確率 $q_x^{(i)}$ は,

$$q_x^{(i)} = \frac{i_x}{l_x^{aa}} \tag{7.89}$$

公式 (7.83) より,就業者について,就業不能で脱退することがないと仮定した絶対死亡率 $q_x^{aa*}$ は,

$$q_x^{aa*} = \frac{d_x^{aa}}{l_x^{aa} - \frac{i_x}{2}} \tag{7.90}$$

同様にして,就業者について,死亡で脱退することがないと仮定した絶対就業不能率 $q_x^{(i)*}$ は,

$$q_x^{(i)*} = \frac{i_x}{l_x^{aa} - \frac{d_x^{aa}}{2}} \tag{7.91}$$

就業不能者が1年以内に死亡する確率で,脱退表から計算した値 $q_x^{ii}$ は,

$$q_x^{ii} = \frac{d_x^{ii}}{l_x^{ii}} \tag{7.92}$$

この分子には,$l_x^{ii}$ のうち死亡した人数だけでなく $i_x$ のうち死亡した人数も含まれるという意味で,$q_x^{ii}$ は絶対的な死亡率ではない.

就業不能者生命表は通常の単生命表と同様の手順で,$x$ 歳の就業不能者の生存数 $l_x^i$ や死亡数 $d_x^i$ を観測値として作成され,そこから就業不能者の絶対的な死亡確率 $q_x^i$(* が付かないのは就業不能者の脱退原因が死亡のみであるからと考えてもよい)も計算できるのであるが,本番では次の (7.93) の方程式を解いて $q_x^i$ を求めることが多い.

$$d_x^{ii} = l_x^{ii} \cdot q_x^i + i_x \cdot \frac{q_x^i}{2} \tag{7.93}$$

右辺第1項は年度始の就業不能者からの死亡者を,第2項は就業不能者が年間を通じ一様に発生するとすれば,年央に $i_x$ 人が就業不能になるとみなせるので,彼らは半年間 $q_x^i$ にさらされるとしている.

**106　第7章　連生・就業不能など**

さらに，この就業不能者生命表上の生命関数として定義できる $_tp_x^i$ は，

$$_tp_x^i = \frac{l_{x+t}^i}{l_x^i} \tag{7.94}$$

死亡・就業不能脱退残存表に戻る．$(x)$ の就業者が就業可能なまま $t$ 年間生存する確率 $_tp_x^{aa}$ は，

$$_tp_x^{aa} = \frac{l_{x+t}^{aa}}{l_x^{aa}} \tag{7.95}$$

$(x)$ の就業者が 1 年以内に死亡する確率 $q_x^a$ については，公式 (7.93) と同様に考えて次の方程式が成り立つ．

$$l_x^{aa} \cdot q_x^a = d_x^{aa} + i_x \cdot \frac{q_x^i}{2} \tag{7.96}$$

$(x)$ の就業者が $t$ 年以内に就業不能となり，$(x+t)$ 歳まで生存する確率 $_tp_x^{ai}$ については，$l_{x+t}^{ii}$ から $l_x^{ii} \cdot {}_tp_x^i$ を差し引いた人数が，$l_x^{aa}$ のうち $t$ 年以内に就業不能となり，$(x+t)$ 歳まで生存する人数であるから，

$$_tp_x^{ai} = \frac{l_{x+t}^{ii} - l_x^{ii} \cdot {}_tp_x^i}{l_x^{aa}} \tag{7.97}$$

$(x)$ の就業者が $t$ 年間生存する確率 $_tp_x^a$ は，

$$_tp_x^a = {}_tp_x^{aa} + {}_tp_x^{ai} = \frac{l_{x+t} - l_x^{ii} \cdot {}_tp_x^i}{l_x^{aa}} \tag{7.98}$$

公式 (7.98) の右辺の分子は，$(x+t)$ の総生存者数から，$(x)$ の就業不能者が $t$ 年間生存したときの人数を差し引いており，$(x)$ の就業者のうち就業可能な人数と，就業不能となるが $t$ 年後に生存している人数との合計を表している．

$(x)$ の就業者が就業不能となり，かつ $t$ 年間生存してその後 1 年以内に死亡する確率 $_{t|}q_x^{ai}$ は，$x+t$ 歳で就業不能者として死亡する人数 $d_{x+t}^{ii}$ から，$(x)$ の就業不能者のうち $t$ 年間生存してその後 1 年以内に死亡する人数 $l_x^{ii} \cdot {}_{t|}q_x^i$ を差し引けば，$(x)$ の就業者のうち就業不能となり，かつ $t$ 年間生存してその後 1 年以内に死亡する人数を得られるから，

$$_{t|}q_x^{ai} = \frac{d_{x+t}^{ii} - l_x^{ii} \cdot {}_{t|}q_x^i}{l_x^{aa}} \tag{7.99}$$

### 7.3.2 就業者集団からの脱退力

定義式 (7.73) で脱退力を見たが，これを就業者集団からの脱退に用いて 7.3.1 節で導入した関数を表してみよう．

$(x)$ の就業者について，総脱退力を $\mu_x$，死亡による脱退力を $\mu_x^{aa}$，就業不能による脱退力を $\mu_x^{ai}$ で表すこととする．また $(x)$ の就業不能者について，死亡による脱退力を $\mu_x^{id}$ で表すこととする（本番では，問題文の指示に従うように）．

$$\mu_x = \mu_x^{aa} + \mu_x^{ai} \tag{7.100}$$

$$d_x^{aa} = \int_0^1 l_{x+t}^{aa} \mu_{x+t}^{aa} dt \tag{7.101}$$

$$i_x = \int_0^1 l_{x+t}^{aa} \mu_{x+t}^{ai} dt \tag{7.102}$$

$_tp_x^{aa}$ は，就業者が死亡によっても就業不能によっても脱退しなかったとして，

$$_tp_x^{aa} = \exp\left(-\int_0^t \left(\mu_{x+s}^{aa} + \mu_{x+s}^{ai}\right) ds\right) \tag{7.103}$$

$q_x^{(i)}$ は，$(x)$ の就業者が $s$ 年後の時点で就業不能になる確率を $_sp_x^{aa} \mu_{x+s}^{ai} \Delta s$ として，

$$q_x^{(i)} = \int_0^1 {}_sp_x^{aa} \mu_{x+s}^{ai} ds \tag{7.104}$$

$_tp_x^{ai}$ は，$(x)$ の就業者が $s$ 年後の時点で就業不能になり，その後 $t-s$ 年間を就業不能者として生存するとして，

$$_tp_x^{ai} = \int_0^t {}_sp_x^{aa} \mu_{x+s}^{ai} \cdot {}_{t-s}p_{x+s}^i ds \tag{7.105}$$

$_{t|}q_x^{ai}$ は，$(x)$ の就業者が $s$ 年後の時点で死亡する直前は就業不能者であるとして，

$$_{t|}q_x^{ai} = \int_t^{t+1} {}_sp_x^{ai} \mu_{x+s}^{id} ds \tag{7.106}$$

**108** 第7章 連生・就業不能など

### 7.3.3 就業不能に関する各種年金の現価

ここでも死亡・就業不能脱退残存表から，新たに計算基数を導入する．

$$D_x^{aa} = v^x l_x^{aa} \tag{7.107}$$

$$C_x^{aa} = v^{x+1} d_x^{aa} \tag{7.108}$$

$$C_x^{(i)} = v^{x+1} i_x \tag{7.109}$$

$$N_x^{aa} = \sum_{t=0}^{\omega-x} D_{x+t}^{aa} \tag{7.110}$$

$$M_x^{aa} = \sum_{t=0}^{\omega-x} C_{x+t}^{aa} \tag{7.111}$$

$$M_x^{(i)} = \sum_{t=0}^{\omega-x} C_{x+t}^{(i)} \tag{7.112}$$

$$D_x^{ii} = v^x l_x^{ii} \tag{7.113}$$

$$C_x^{ii} = v^{x+1} d_x^{ii} \tag{7.114}$$

$$N_x^{ii} = \sum_{t=0}^{\omega-x} D_{x+t}^{ii} \tag{7.115}$$

$$M_x^{ii} = \sum_{t=0}^{\omega-x} C_{x+t}^{ii} \tag{7.116}$$

$$D_x^{i} = v^x l_x^{i} \tag{7.117}$$

$$C_x^{i} = v^{x+1} d_x^{i} \tag{7.118}$$

$$N_x^{i} = \sum_{t=0}^{\omega-x} D_{x+t}^{i} \tag{7.119}$$

$$M_x^{i} = \sum_{t=0}^{\omega-x} C_{x+t}^{i} \tag{7.120}$$

$$D_x = D_x^{aa} + D_x^{ii} \tag{7.121}$$

$$C_x = C_x^{aa} + C_x^{ii} \tag{7.122}$$

## 7.3 就業不能（または要介護）に対する諸給付　**109**

基数 $C$ の定義式において，$v^{x+1}$ の代わりに $v^{x+\frac{1}{2}}$ を用いれば，5.3.1 節に挙げたものと同様に諸給付が即時払のときの $\overline{C}$ が定義され，さらにこれより $\overline{M}$ が定義される．

$(x)$ の就業者に対して就業の期間中に支払われる期始払 $n$ 年有期年金の現価 $\ddot{a}^{aa}_{x:\overline{n}|}$ と，$(x)$ の就業不能者に対して生存の期間中に支払われる期始払 $n$ 年有期年金の現価 $\ddot{a}^{i}_{x:\overline{n}|}$ は，通常の単生命表と同様にして，

$$\ddot{a}^{aa}_{x:\overline{n}|} = \sum_{t=0}^{n-1} v^t {}_t p^{aa}_x = \frac{N^{aa}_x - N^{aa}_{x+n}}{D^{aa}_x} \tag{7.123}$$

$$\ddot{a}^{i}_{x:\overline{n}|} = \sum_{t=0}^{n-1} v^t {}_t p^{i}_x = \frac{N^{i}_x - N^{i}_{x+n}}{D^{i}_x} \tag{7.124}$$

期末払はそれぞれ $a^{aa}_{x:\overline{n}|}$, $a^{i}_{x:\overline{n}|}$ であり，公式 (5.117) と同様に定義できる．

$(x)$ の就業者に対して，生存する限り支払われる期始払 $n$ 年有期年金の現価 $\ddot{a}^{a}_{x:\overline{n}|}$ は，公式 (7.98) を用いて，

$$\ddot{a}^{a}_{x:\overline{n}|} = \sum_{t=0}^{n-1} v^t {}_t p^{a}_x = \frac{N_x - N_{x+n}}{D^{aa}_x} - \frac{D^{ii}_x}{D^{aa}_x} \frac{N^{i}_x - N^{i}_{x+n}}{D^{i}_x} \tag{7.125}$$

期末払は $a^{a}_{x:\overline{n}|}$ である．

$(x)$ の就業者に対して，就業不能となった年度末より生存中，かつ契約時点から $n$ 年後まで支払われる年金の現価 $a^{ai}_{x:\overline{n}|}$ は，

$$a^{ai}_{x:\overline{n}|} = \sum_{t=1}^{n} v^t {}_t p^{ai}_x \tag{7.126}$$

$$= \sum_{t=1}^{n} v^t \frac{l^{ii}_{x+t} - l^{ii}_x \cdot {}_t p^{i}_x}{l^{aa}_x} \quad \text{(公式 (7.97) を適用)}$$

$$= \frac{N^{ii}_{x+1} - N^{ii}_{x+n+1} - \frac{D^{ii}_x}{D^{i}_x}\left(N^{i}_{x+1} - N^{i}_{x+n+1}\right)}{D^{aa}_x} \tag{7.127}$$

**110** 第7章 連生・就業不能など

また，$a_{x:\overline{n}|}^{ai}$ は，$(x)$ の就業者が生存する限り支払われる年金から，就業する限り支払われる年金を差し引いたものとして，

$$a_{x:\overline{n}|}^{ai} = a_{x:\overline{n}|}^{a} - a_{x:\overline{n}|}^{aa} = (1 + a_{x:\overline{n}|}^{a}) - (1 + a_{x:\overline{n}|}^{aa}) \tag{7.128}$$

$$= \ddot{a}_{x:\overline{n+1}|}^{a} - \ddot{a}_{x:\overline{n+1}|}^{aa} \tag{7.129}$$

$(x)$ の就業者に対して，$m$ 年以内に就業不能となればその年度末より生存中，かつ契約時点から $n$ 年後まで支払われる年金の現価 $a_{x:\overline{n}|}^{a(i:\overline{m}|)}$ は，$a_{x:\overline{n}|}^{ai}$ より $m$ 年経過時以降に就業不能となるものに支払われる年金を差し引いたものとして，

$$a_{x:\overline{n}|}^{a(i:\overline{m}|)} = a_{x:\overline{n}|}^{ai} - \frac{D_{x+m}^{aa}}{D_x^{aa}} a_{x+m:\overline{n-m}|}^{ai} \tag{7.130}$$

### 7.3.4 就業不能に対する諸給付

代表的なものとして保険料払込免除特約にかかる保険料を計算しよう．保険会社が契約者に対して保険料を給付した上で契約者が保険料を払込むとして（実際は相殺される），保険料払込免除特約の一時払純保険料を計算する．
(例) $(x)$ の就業者が，保険料年払全期払込，保険金年度末支払，保険金額 1，保険期間 $n$ 年の養老保険 (年払営業保険料は $P^*$ で略記) に加入する．この主契約に特約を付け，$(x)$ が $y$ 歳に達する前に就業不能となれば，それ以降の保険料払込を免除することとした．この特約の年払純保険料 $P_x^D$ を求めたい．特約の一時払純保険料は，$(x)$ が $y$ 歳に達する前の，就業不能となった後の最初の年度始から第 $n$ 年度始 (契約時から $n-1$ 年経過の時点) まで生存するかぎり $P^*$ を保険会社が給付するとみなして，$P^* \cdot a_{x:\overline{n-1}|}^{a(i:\overline{y-x}|)}$ である．一方，この特約の純保険料を年払とすればその払込期間は $y$ 歳到達時までなので，保険会社の収入現価は $P_x^D \cdot \ddot{a}_{x:\overline{y-x}|}^{aa}$ であるから，収支相等の原則により，

$$P_x^D \cdot \ddot{a}_{x:\overline{y-x}|}^{aa} = P^* \cdot a_{x:\overline{n-1}|}^{a(i:\overline{y-x}|)} \tag{7.131}$$

式 (7.131) より，$P_x^D$ を求めることができる．

## 7.4 災害および疾病に関する保険

### 7.4.1 災害入院給付

1年間の災害入院予定発生率を $q^{ah}$，給付日額を $\delta$，平均給付日数を $T$ とおけば，年央に1回だけ災害入院が発生する可能性があるとして1年間の純保険料は $v^{\frac{1}{2}} q^{ah} T \delta$ である．ここで，4日以内の入院を支給対象外（**不担保期間**）とし，入院日数から4日間を控除した平均給付日数を $T$ とおき直す．また最長給付日数を180日と定める．すると，入院日数 $i$ $(i \geq 5)$ 毎の発生率 $q^{ahi}$ に対し，$\sum_{i \geq 5} q^{ahi} = q^{ah}$ である．入院するとしたときにそれが $i$ 日間である確率は $\dfrac{q^{ahi}}{q^{ah}}$ であるから，

$$T = \sum_{i=5}^{184} \frac{q^{ahi}}{q^{ah}}(i-4) + \sum_{i \geq 185} \frac{q^{ahi}}{q^{ah}} 180 \tag{7.132}$$

公式 (7.132) に $v^{\frac{1}{2}} q^{ah} \delta$ を乗じれば，1年間の純保険料を計算できる．

### 7.4.2 疾病入院給付

疾病発生率は加齢につれて大きくなるので，保険期間 $n$ 年に対し平準保険料を徴収する．ここで，$(x)$ の被保険者について，1年間の疾病入院予定発生率を $q_x^{sh}$ とし，疾病入院するとしたときの平均給付日数を $T_x^{sh}$，給付日額を $\delta$，年払平準純保険料を $P$ とおけば，収支相等の原則により，

$$P \ddot{a}_{x:\overline{n}|} = \sum_{t=0}^{n-1} v^{t+\frac{1}{2}} \cdot {}_t p_x \cdot q_{x+t}^{sh} \cdot T_{x+t}^{sh} \cdot \delta \tag{7.133}$$

公式 (7.133) より，$P$ を求めることができる．

## 7.5 計算基礎の変更

予定利率 $i$・予定死亡率 $q_x$ といった計算基礎率の変更に対する保険料の変動を見ておこう.

### 7.5.1 予定利率の変更

$i < i'$, $v' = \dfrac{1}{1+i'}$ とし, $i$ を $i'$ に引き上げるとする. 以下同様に, 引き上げた $i'$ に対応する値には $'$ を付す. $v > v'$ より,

$$\ddot{a}_{x:\overline{n}|} = \sum_{j=1}^{n} v^{j-1}{}_{j-1}p_x > \ddot{a}'_{x:\overline{n}|} \tag{7.134}$$

$$A_{x:\overline{n}|}{}^{\frac{1}{}} = v^n{}_n p_x > A'_{x:\overline{n}|}{}^{\frac{1}{}} \tag{7.135}$$

$$A^{1}_{x:\overline{n}|} = \sum_{j=1}^{n} v^j{}_{j-1|}q_x > A'{}^{1}_{x:\overline{n}|} \tag{7.136}$$

$$A_{x:\overline{n}|} = \sum_{j=1}^{n} v^j{}_{j-1|}q_x + v^n{}_n p_x > A'_{x:\overline{n}|} \tag{7.137}$$

$q_x$ が年齢 $x$ について単調増加であるとき,

$$P^{1}_{x:\overline{n}|} > P'{}^{1}_{x:\overline{n}|} \tag{7.138}$$

$$P_{x:\overline{n}|} > P'_{x:\overline{n}|} \tag{7.139}$$

$$_tV_{x:\overline{n}|} \geq {}_tV'_{x:\overline{n}|} \tag{7.140}$$

## 7.5.2 予定死亡率の変更

$q_x \geq q'_x$ とし，予定死亡率 $q_x$ が $q'_x$ に減少するものとする．減少後の $q'_x$ に対応する値には $'$ を付す．$_jp_x \leq {_jp'_x}$ より，

$$\ddot{a}_{x:\overline{n}|} = \sum_{j=1}^{n} v^{j-1} {_{j-1}p_x} \leq \ddot{a}'_{x:\overline{n}|} \tag{7.141}$$

$$A_{x:\overline{n}|} > A'_{x:\overline{n}|} \tag{7.142}$$

$$A^1_{x:\overline{n}|} < A'^{\,1}_{x:\overline{n}|} \tag{7.143}$$

$$A_{x:\overline{n}|} = 1 - d\ddot{a}_{x:\overline{n}|} \geq A'_{x:\overline{n}|} \tag{7.144}$$

$$P_{x:\overline{n}|} = \frac{A_{x:\overline{n}|}}{\ddot{a}_{x:\overline{n}|}} \geq P'_{x:\overline{n}|} \tag{7.145}$$

不等式 (7.144) の左辺，右辺を不等式 (7.142) の左辺，右辺からそれぞれ差し引くと，

$$A^1_{x:\overline{n}|} \geq A'^{\,1}_{x:\overline{n}|} \tag{7.146}$$

不等式 (7.145) の左辺，右辺を不等式 (7.141) の左辺，右辺でそれぞれ除すると，

$$P^1_{x:\overline{n}|} \geq P'^{\,1}_{x:\overline{n}|} \tag{7.147}$$

また生存保険については，

$$P_{x:\frac{1}{n}|} \leq P'_{x:\frac{1}{n}|} \tag{7.148}$$

# 第 III 部

# アクチュアリー試験
# 「生保数理」必須問題集

この問題集では，過去問でも良く取り上げられそうな問題を精査して，必要最低限レベルの問題をそろえました．一切無駄がない，実際に出題されてもおかしくない基礎的な問題です．何度も繰り返し，1問5分くらいで瞬時に解けるように習熟しましょう．

　必須問題集を用意した意図は，過去問を解いていく上で必要な解法や公式を身に付けていくということを目指しています．

　一通り進んだら，過去問にもどんどんチャレンジしていきましょう．20年分3周くらいを目標にどんどん進めていきましょう．本問題集では取り上げられなかった様々なパターンの過去問が存在します．初出の問題も必ず出題されますが，過去に出た問題であれば，すーっと軽々と解けるようにしておくといいです．過去問の類題は，最短で，正確に取りこぼしなく解けるようにして時間を稼ぎ，初出の問題や，計算量のかかると見込んだ問題に時間を掛けるといったタイムマネジメントも重要になります．

　そして，必須問題集では大問クラス，証明問題系を含めていません．別途，大問対策，初出問題対策も行う必要があります．ここは教科書に立ち返って，過去に出題されていない証明問題や練習問題をしっかりできるように準備をしていくといいです．教科書は，相当な量の問題数がありますので，過去問および，本書と並行して，教科書の練習問題に取り組むのがお勧めです．

　さて，各問題には，sairin's check として，西林さんによる珠玉のコメントを追加しています．大変参考になりますし重要なアドバイスが含まれていますので，こちらもしっかり読み込んで身に着けていきましょう．

　この問題集では，以下の前提をおいています．

- 数値を求める問題は，特にことわりのない限り，原則小数点第7位を四捨五入し，第6位まで解答している．これは，1単位を100万円としたとき，1円まで有効であることを意味する．ただし，求める値が千を超えるもの（例えば一部の計算基数）である場合は小数点第1位を四捨五入し，整数値で計算している．
- 予定利率を2%としたときの表現 $i_{(2\%)}, v_{(2\%)}, a_{\overline{30}|}^{(2\%)}$ は正式ではないが，直観的に分かりやすくするため使用している．

# ■第8章

## 保険料

**118** 第8章 保険料

## 8.1 利息の計算

問題 **8.1**（確定年金 (1)） $\ddot{a}_{\overline{31}} = 20.4, \ddot{s}_{\overline{29}} = 46.6$ のとき，永久年金現価 $a_\infty$ の値を求めよ．

■ **sairin's check**

● 本問の解答では，直接使用しないものの，$\dfrac{1}{a_{\overline{n}}} - \dfrac{1}{s_{\overline{n}}} = i$ の両辺に $v$ を乗じると，$\dfrac{1}{\ddot{a}_{\overline{n}}} - \dfrac{1}{\ddot{s}_{\overline{n}}} = d$ という関係式が導かれるため，併せて覚えておくとよい．

【解答】

$$a_\infty = \frac{1}{i}$$

なので，$i$ を求める．

$$\frac{1}{a_{\overline{30}}} - \frac{1}{s_{\overline{30}}} = i$$
$$\iff \quad i = \frac{1}{\ddot{a}_{\overline{31}} - 1} - \frac{1}{\ddot{s}_{\overline{29}} + 1}$$

数値を代入して計算すると，$i \approx 0.030538$．

以上より，$a_\infty \approx 32.746087$　　（答）

8.1 利息の計算 **119**

---

問題 **8.2**（確定年金 **(2)**）　$6\ddot{a}_\infty = 6_{16|}\ddot{a}_{\overline{16|}} + 7\ddot{a}_{\overline{16|}}$ のとき，予定利率 $i$ の値を求めよ．

■ **sairin's check**

- $\ddot{a}_{\overline{n|}}$ または $\ddot{s}_{\overline{n|}}$ の $n$ が $2$ の累乗の場合，$\boxed{\sqrt{\phantom{x}}}$ を複数回叩くことを思い出せ．

【解答】

$$\ddot{a}_\infty = 1 + v + \cdots = \frac{1}{1-v}$$

$$\ddot{a}_{\overline{16|}} = \frac{1-v^{16}}{1-v}$$

$$_{16|}\ddot{a}_{\overline{16|}} = v^{16}\frac{1-v^{16}}{1-v}$$

なので，$v^{16} = x$ とおけば，

$$6 = 6x(1-x) + 7(1-x)$$

$$\iff \quad x = \frac{1}{3}, -\frac{1}{2}$$

$0 < x < 1$ に注意すると，

$$v^{16} = \frac{1}{3}$$

$$\iff \quad v = \left(\frac{1}{3}\right)^{\frac{1}{2}\cdot\frac{1}{2}\cdot\frac{1}{2}\cdot\frac{1}{2}} \approx 0.933641$$

したがって，$i \approx 0.071075 = 7.1075\%$　　（答）

**問題 8.3（累加年金）** $\ddot{a}_\infty = 19$ のとき，$(Ia)_\infty$ の値を求めよ．

■ **sairin's check**
- 以下の図から，$(Ia)_\infty = \ddot{a}_\infty \cdot a_\infty = \dfrac{1}{d} \cdot \dfrac{1}{i}$ を導いてもよい．
- $(Ia)_\infty$ は以下の三角形の面積に等しく，●○○○○○○○… は $\ddot{a}_\infty$ に等しい．

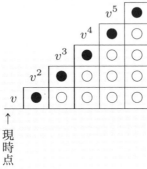

【解答】
$$(Ia)_\infty = v + 2v^2 + \cdots \quad \cdots\cdots(1)$$
$$v(Ia)_\infty = v^2 + 2v^3 + \cdots \quad \cdots\cdots(2)$$

(1) − (2) より，
$$d(Ia)_\infty = v + v^2 + v^3 + \cdots$$
$$= \ddot{a}_\infty - 1$$

したがって，
$$(Ia)_\infty = \dfrac{\ddot{a}_\infty - 1}{d}$$

あとは，$d$ を求めればよい．
$$\ddot{a}_\infty = 1 + v + v^2 + \cdots = \dfrac{1}{1-v} = \dfrac{1}{d} \iff d = \dfrac{1}{19}$$

以上より，$(Ia)_\infty = 342$　　　（答）

8.1 利息の計算 **121**

---

**問題 8.4（連続払確定年金）** 経過 $t$ 年において，年額 $(5-t)$ の割合で支払われる 5 年間の連続払確定年金の現価を $v, \delta$ で表せ.

---

■ **sairin's check**

- 「年額●●の割合で支払われる連続払確定年金」という表現は教科書にないが，昭和 60 年度（保険数学 I）問題 1(5) で登場.
- 部分積分の公式 (A.45)
  $$\int f(x) \cdot e^{-ax} dx = -e^{-ax} \left\{ \frac{f(x)}{a} + \frac{f'(x)}{a^2} + \frac{f''(x)}{a^3} + \cdots \right\} \text{がここ}$$
  で役立つ.

**【解答】**

求める値を $(\overline{D}\,\overline{a})_{\overline{5|}}$ とすると，キャッシュフローに時間価値を考慮して，

$$
\begin{aligned}
(\overline{D}\,\overline{a})_{\overline{5|}} &= \int_0^5 (5-t)v^t dt \\
&= \int_0^5 \left( 5e^{-\delta t} - te^{-\delta t} \right) dt \\
&= \left[ -\frac{5}{\delta}e^{-\delta t} + \frac{1}{\delta}e^{-\delta t}\left( t + \frac{1}{\delta} \right) \right]_0^5 \\
&= \frac{5}{\delta} + \frac{v^5}{\delta^2} - \frac{1}{\delta^2} \qquad \text{(答)}
\end{aligned}
$$

**122**　第 8 章　保険料

---

問題 8.5 (元利均等返済)　元金 1,000 万円を，年払元利均等返済方式 (年利率 6.00%，返済期間 30 年) で返済していた．15 年経過時点で，年利率のみ 4.00% に変更した場合，年払返済金額が軽減される．

この年払返済金額の軽減額を求めよ．必要ならば，次の値を使用せよ．

$$\left(\frac{1}{1.06}\right)^{30} = 0.174110, \quad \left(\frac{1}{1.04}\right)^{30} = 0.308319$$

■ **sairin's check**

● 「元利均等方式」だけでなく「元金均等方式」も計算できるようにしたい (例：平成 26 年度問題 1(1) など)．

**【解答】**

年間返済額は $\dfrac{1000}{a_{\overline{30|}}^{(6\%)}}$ である．15 年経過時，残債は $\dfrac{1000}{a_{\overline{30|}}^{(6\%)}} \cdot a_{\overline{15|}}^{(6\%)}$ となる．

これを年利 4% に変更すると，年間返済額は $\dfrac{\dfrac{1000}{a_{\overline{30|}}^{(6\%)}} \cdot a_{\overline{15|}}^{(6\%)}}{a_{\overline{15|}}^{(4\%)}}$ となる．

求める軽減額は，

$$\frac{1000}{a_{\overline{30|}}^{(6\%)}} \cdot \left(1 - \frac{a_{\overline{15|}}^{(6\%)}}{a_{\overline{15|}}^{(4\%)}}\right) \quad \cdots (*)$$

である．

各年金現価率を求めると，

$$\begin{aligned}
a_{\overline{30|}}^{(6\%)} &= v_{(6\%)} + v_{(6\%)}^2 + \cdots + v_{(6\%)}^{30} \\
&= \frac{1 - v_{(6\%)}^{30}}{i} \\
&\approx 13.764833
\end{aligned}$$

同様に計算すると，

$$a_{\overline{15}|}^{(6\%)} \approx 9.712252$$

$$a_{\overline{15}|}^{(4\%)} \approx 11.118380$$

以上を ( * ) に代入して計算すると，9.187818（万円）なので（円）に直すと 91,878.18（円）　　（答）

【補足】

返済は必ず期末払い．例えば 1000 万円借りて期始に 50 万円返すのであれば，借りるのは 950 万円でよいことになる．

**124** 第 8 章 保険料

---

問題 8.6（減債基金）　借入金利率 $i$ で借りた金額を 10 年間で減債基金を積み立てて返済することとした．このとき，減債基金の積立利率が 5.0% であったため，実質的な借入金利率は 2.2% となった．

このとき，借入金利率 $i$ を求めよ．ただし，借入金利息の返済と減債基金の積み立ては年 1 回その年末に行われる．必要ならば次の表の数値を用いよ．

| 利率 | $s_{\overline{10}\vert}$ | $a_{\overline{10}\vert}$ |
|---|---|---|
| 2.2% | 11.0504 | 8.8893 |
| 5.0% | 12.5779 | 7.7217 |

---

■ **sairin's check**

● 減債基金でも，$\dfrac{1}{a_{\overline{n}\vert}} - \dfrac{1}{s_{\overline{n}\vert}} = i$ という関係式が成立．ただし，$a_{\overline{n}\vert}$ の利率は実質的な利回り，$s_{\overline{n}\vert}$ の利率は積立利率．

**【解答】**

借入金の元本を $S$ とする．年間キャッシュフローは，元本返済用の積立金と支払利息の和なので，

$$\frac{S}{s_{\overline{10}\vert}^{(5\%)}} + Si$$

と表せる．この借入金を元利均等返済で返済した場合，実質的な借入金利率は 2.2% となるので，年間返済額は $\dfrac{S}{a_{\overline{10}\vert}^{(2.2\%)}}$ と表せる．

$$\frac{S}{s_{\overline{10}\vert}^{(5\%)}} + Si = \frac{S}{a_{\overline{10}\vert}^{(2.2\%)}}$$

$$\Longleftrightarrow \quad i = \frac{1}{a_{\overline{10}\vert}^{(2.2\%)}} - \frac{1}{s_{\overline{10}\vert}^{(5\%)}}$$

数値を代入して，$i \approx 0.032990 = 3.299(\%)$　　　（答）

8.1 利息の計算 **125**

問題 **8.7**（帳簿価格） 　額面 $100$ 円，年利率 $3\%$（利息年 $1$ 回期末払）の公
債で，あと $5$ 年で償還されるものを購入した．

この公債を満期まで保有するものとし，毎年の利回りが $2\%$ となるよう
に，年度末に評価損益を計上して帳簿価格を変更するものとする．この
時，購入時から $3$ 年後の年度末に計上すべき評価損益の値を求めよ．

必要ならば，$v^5 = 0.905731$（利率 $2\%$），$v^5 = 0.862609$（利率 $3\%$）を
用いよ．

■ **sairin's check**

● 慣れないうちは，p.57 にあるような表を作りながら計算すること．

【解答】

キャッシュフローをまとめると，

| 年度 | 1 | 2 | 3 | 4 | 5 |
|------|---|---|---|---|-----|
| 給付額 | 3 | 3 | 3 | 3 | 103 |

この公債の現価は，

$$3a_{\overline{5}|}^{(2\%)} + 100v_{(2\%)}^5 = 3\frac{1 - v_{(2\%)}^5}{i_{(2\%)}} + 100v_{(2\%)}^5$$

$$= 104.71345$$

第 $t$ 年度末でみたキャッシュフローの現価という意味で $_tV$ と表すことに
する．これを毎年帳簿に記載していく．

求める値は，第 $2$ 年度末の帳簿価格 $_2V$ と第 $3$ 年度末の帳簿価格 $_3V$ の差
額である．それぞれの値を計算すると，

$$_3V = 3(v_{(2\%)} + v_{(2\%)}^2) + 100v_{(2\%)}^2$$

$$\approx 101.941561$$

**126**　第 8 章　保険料

$$_2V = 3(v_{(2\%)} + v_{(2\%)}^2 + v_{(2\%)}^3) + 100v_{(2\%)}^3$$

$$\approx 102.883883$$

したがって，$_3V - {_2V} \approx -0.942322$　　　　（答）

【補足】

　本問において，p.57 にあるような表を作ると，以下のとおりになる．

| 年度 | 年度始簿価 | 簿価に対する利息2% | 公債利息 | 評価損益 | 年度末簿価 |
|------|-----------|------------------|---------|---------|-----------|
| 1 | 104.713450 | 2.094269 | 3 | −0.905731 | 103.807719 |
| 2 | 103.807719 | 2.076154 | 3 | −0.923846 | 102.883873 |
| 3 | 102.883873 | 2.057677 | 3 | −0.942323 | 101.941550 |
| 4 | 101.941550 | 2.038831 | 3 | −0.961169 | 100.980381 |
| 5 | 100.980381 | 2.019608 | 3 | −0.980392 | 99.999989 |

5 年度末簿価が 99.999989 円になっているが，理論上は額面 100 円に一致する．
端数処理の関係で誤差が生じている．

8.2 生命表および生命関数 **127**

## 8.2 　生命表および生命関数

問題 **8.8**（生命表）　以下はある保険の選択期間 3 年の選択表および終局表における生存率の一部である.

| $x$ | $p_{[x]}$ | $p_{[x]+1}$ | $p_{[x]+2}$ | $p_{x+3}$ | $x+3$ |
|---|---|---|---|---|---|
| 48 | 0.9865 | 0.9841 | 0.9806 | 0.9713 | 51 |
| 49 | 0.9858 | 0.9831 | 0.9790 | 0.9698 | 52 |
| 50 | 0.9849 | 0.9819 | 0.9774 | 0.9682 | 53 |
| 51 | 0.9838 | 0.9803 | 0.9758 | 0.9664 | 54 |

　現在, A さん, B さんはともに 50 歳であるが, A さんは 48 歳のときにこの保険に加入し B さんは 50 歳で加入した. いまからちょうど 4 年後にいずれか 1 人だけが生存している確率を求めよ.

■ **sairin's check**
● 終局表の見方：右に水平, 下に垂直, L 字型！

【解答】

● $p_A$：A さんが 4 年後に生存している確率
● $p_B$：B さんが 4 年後に生存している確率

と定義する.
　求める値は,

$$p_A q_B + q_A p_B = p_A(1 - p_B) + (1 - p_A)p_B \qquad \cdots\cdots(*)$$

である,

$$p_A = 0.9806 \cdot 0.9713 \cdot 0.9698 \cdot 0.9682$$

$$\approx 0.894319$$

$$p_B = 0.9849 \cdot 0.9819 \cdot 0.9774 \cdot 0.9682$$

$$\approx 0.915160$$

以上より，数値代入することで，求める確率は $(*) \approx 0.172589$ 　　（答）

【補足・表の見方】

| | $p_{[x]}$ | $p_{[x]+1}$ | $p_{[x]+2}$ | $p_{x+3}$ |
|---|---|---|---|---|
| 48 | $A \dashrightarrow$ | $\dashrightarrow$ | $\rightarrow$ | $\downarrow$ |
| 49 | | | | $\downarrow$ |
| 50 | $B \rightarrow$ | $\rightarrow$ | $\rightarrow$ | $\downarrow$ |
| 51 | | | | |

8.2 生命表および生命関数 **129**

---

問題 8.9（死力と生命確率 (1)） 死力 $\mu_x(> 0)$ が $x$ の増加関数であるとき，$\mu_x$ と $q_{x-1}$ と $\dfrac{q_x}{p_x}$ のうち一番大きいものを求めよ．

---

■ **sairin's check**

- $_tp_x$ は $t$ に関して減少関数のため，死力を用いた頻出公式 $_tp_x = \exp\left(-\displaystyle\int_0^t \mu_{x+s}ds\right)$ について，右辺の指数部分はマイナスがつく．
- 丸暗記しているとマイナスを忘れる可能性が高いので，$_tp_x$ が減少関数ということを理解して覚えるのがコツ．

【解答】

$q_x$ は，

$$q_x = \int_0^1 {}_tp_x\mu_{x+t}dt$$

である．$\mu_x$ は増加関数なので，$\mu_{x+t} > \mu_x(0 < t < 1)$ であり，上の積分で $\mu_{x+t}$ を $\mu_x$ に置き換えると元よりも値が小さくなるため，

$$q_x > \int_0^1 {}_tp_x\mu_x dt = \mu_x \int_0^1 {}_tp_x dt$$

また，$0 < t < 1$ とすれば，数ヶ月生存する確率の方が，1年間生存する確率より大きい，すなわち $_tp_x > p_x$ なので，上式の $_tp_x$ を $p_x$ に置き換えると値はさらに小さくなり，

$$q_x > \mu_x p_x \quad \Longleftrightarrow \quad \frac{q_x}{p_x} > \mu_x \qquad\qquad \cdots\cdots(1)$$

また，$q_{x-1}$ は上記と同様に，

$$q_{x-1} = \int_0^1 {}_tp_{x-1}\mu_{x-1+t}dt$$

である．$\mu_x$ は増加関数なので，$\mu_{x-1+t} < \mu_x(0 < t < 1)$ であり，

$$q_{x-1} < \int_0^1 {}_tp_{x-1}\mu_x dt$$

**130** 第 8 章 保険料

生存確率は 1 より小さい．すなわち，$_tp_{x-1} < 1$ なので，上式の $_tp_{x-1}$ を 1 に置き換えると，

$$q_{x-1} < 1 \cdot \mu_x = \mu_x \qquad\qquad \cdots\cdots(2)$$

(1)，(2) より，

$$q_{x-1} < \mu_x < \frac{q_x}{p_x}$$

となるので，$\dfrac{q_x}{p_x}$ が最大　（答）

8.2 生命表および生命関数 **131**

問題 **8.10**（死力と生命確率 **(2)**）

$$\mu_x = \frac{3}{100 - x} - \frac{10}{220 - x} \ (30 < x < 90)$$

を満たすとき，$_{40}p_{40}$ の値を求めよ．

■ **sairin's check**

• $e^{a \log b} = b^a$ は，両辺の対数をとれば明らか．

【解答】

$$\begin{aligned}
_{40}p_{40} &= \exp\left(-\int_0^{40} \mu_{40+t} dt\right) \\
&= \exp\left(-\int_0^{40} \left(\frac{3}{60 - t} - \frac{10}{180 - t}\right) dt\right) \\
&= \exp\left(3 \log \frac{20}{60} - 10 \log \frac{140}{180}\right) \\
&= \frac{\left(\frac{1}{3}\right)^3}{\left(\frac{7}{9}\right)^{10}} \\
&\approx 0.457173 \quad \text{（答）}
\end{aligned}$$

**132** 第8章 保険料

---

問題**8.11**(平均余命 (1))　ある生命表が略算平均余命 $e_{50} = 27.50$, $e_{51} = 27.0$, $e_{52} = 26.3$ を満たすとき,生存確率 $_2p_{50}$ の値を求めよ.

■ **sairin's check**

- $i = 0$ のとき,$a_x = e_x$ となる.このため,$a_x$ についての関係式で $i = 0$ とすれば $e_x$ の関係式が得られる(例:$a_x = vp_x \cdot (1 + a_{x+1}) \Longleftrightarrow e_x = p_x \cdot (1 + e_{x+1})$).

【解答】

$x = 50$ として解くと,

$$e_x = \sum_{t=1}^{\infty} {}_tp_x = p_x + \sum_{t=1}^{\infty} p_x \cdot {}_tp_{x+1} = p_x(1 + e_{x+1})$$

上記の関係式を用いて,$p_x, p_{x+1}$ の数値を求めると,

$$p_x = \frac{e_x}{1 + e_{x+1}} \approx 0.982143 \qquad p_{x+1} = \frac{e_{x+1}}{1 + e_{x+2}} \approx 0.989011$$

したがって,$_2p_x = p_x \cdot p_{x+1} \approx 0.971350$　(答)

【補足】

$e_x = 1 + p_x + {}_2p_x + \cdots$ とする間違いがよくあるが,5章の生命年金現価 $a_{a:\overline{n}|}$ と対比して覚えるとよい.

| 生命年金現価 | 平均余命 | 留意点 |
|---|---|---|
| $a_{x:\overline{n}|} = vp_x + v^2 {}_2p_x + \cdots + v^n {}_np_x$ | $_ne_x = p_x + {}_2p_x + \cdots + {}_np_x$ | 最初の 1 を含めない |
| $\overline{a}_{x:\overline{n}|} = \displaystyle\int_0^n v^t {}_tp_x dt$ | $_n\mathring{e}_x = \displaystyle\int_0^{\omega-x} {}_tp_x dt$ | 積分表示 |
| $\ddot{a}_{x:\overline{n}|} = 1 + vp_x + \cdots + v^{n-1} {}_{n-1}p_x$ | なし | 最初の 1 を含める |

8.2 生命表および生命関数 **133**

---

問題 **8.12**（平均余命 **(2)**）

$$\frac{d}{dx}{}_{3|}\mathring{e}_x$$

を簡潔に表せ．

■ **sairin's check**

● $\dfrac{d}{dx}\mathring{e}_x = \mu_x\mathring{e}_x - 1$ はこのまま暗記した方がいい．なお，平成 7 年度
  （保険数学 1）問題 1(3) は，この関係式を利用しなければ解けない．

【解答】

$$\frac{d}{dx}{}_{3|}\mathring{e}_x = \frac{d}{dx}{}_3p_x\mathring{e}_{x+3}$$

である．ここで，

$$\begin{aligned}
\frac{d}{dx}{}_3p_x &= \frac{d}{dx}\frac{l_{x+3}}{l_x} \\
&= -\frac{l_{x+3}\mu_{x+3}l_x - l_{x+3}l_x\mu_x}{l_x^2} \\
&= -\mu_{x+3}\cdot{}_3p_x + \mu_x\cdot{}_3p_x
\end{aligned}$$

$$\frac{d}{dx}\mathring{e}_{x+3} = \mu_{x+3}\mathring{e}_{x+3} - 1$$

より，

$$\begin{aligned}
（与式）&= -\mu_{x+3}\cdot{}_3p_x\cdot\mathring{e}_{x+3} + \mu_x\cdot{}_3p_x\cdot\mathring{e}_{x+3} \\
&\quad + \mu_{x+3}\cdot{}_3p_x\cdot\mathring{e}_{x+3} - {}_3p_x \\
&= {}_3p_x(\mu_x\mathring{e}_{x+3} - 1) \quad（答）
\end{aligned}$$

**134**　第 8 章　保険料

【別解・微分，積分の順序入れ替えを用いる方法】

$$\frac{d}{dx}{}_{3|}\mathring{e}_x = \frac{d}{dx}\left(\int_3^\infty {}_tp_x dt\right)$$
$$= \int_3^\infty \left(\frac{d}{dx}{}_tp_x\right)dt$$

公式 $(5.100)\dfrac{d}{dx}{}_tp_x = {}_tp_x(\mu_x - \mu_{x+t})$ より

$$= \int_3^\infty {}_tp_x\left(\mu_x - \mu_{x+t}\right)dt$$
$$= \mu_x\int_3^\infty {}_tp_x dt - \int_3^\infty {}_tp_x\mu_{x+t}dt \qquad \cdots\cdots(*)$$
$$= \mu_x{}_{3|}\mathring{e}_x - {}_3p_x$$

なお，$(*)$ 式の最後の項は，$(x)$ が 3 年後以降に死亡する確率を表している．これは，$(x)$ が $t = 3$ までに死亡しないことと同義であり，その確率は ${}_3p_x$ に等しい．

8.2 生命表および生命関数 **135**

問題 **8.13**（中央死亡率）　ある年齢 $x$ 歳において，生存確率 ${}_t p_x$ と死力 $\mu_{x+t}$ との間に，

$$
{}_t p_x \mu_{x+t} = \frac{1}{3} \cdot e^{-\frac{1}{2}t} \ (0 \le t \le 1)
$$

が成り立つとき，中央死亡率 $m_x$ を求めよ．

■ **sairin's check**
- 中央死亡率の「中央」とは，分母が「中央」という意味．
- したがって，例えば，4月から翌年3月までの1年間を考えた場合，中央死亡率の分母は，9月30日または10月1日時点の生存者となる．
- 問題文に特別な指示（例：死亡者数は年間を通じて一様に発生するなど）がなければ，定義どおり，$L_x$ を分母とすることを忘れずに．

【解答】
中央死亡率 $m_x$ は，

$$
\begin{aligned}
m_x &= \frac{d_x}{L_x} \\
&= \frac{d_x}{\displaystyle\int_0^1 l_{x+t}\,dt} \\
&= \frac{q_x}{\displaystyle\int_0^1 {}_t p_x\,dt}
\end{aligned}
$$

ここで，

$$
\begin{aligned}
{}_t q_x &= \int_0^t {}_s p_x \cdot \mu_{x+s}\,ds \\
&= \int_0^t \frac{1}{3} e^{-\frac{1}{2}s}\,ds
\end{aligned}
$$

**136　第8章　保険料**

$$= \frac{2}{3}(1 - e^{-\frac{1}{2}t})$$

$$q_x = \frac{2}{3}(1 - e^{-\frac{1}{2}})$$

$${}_tp_x = 1 - \frac{2}{3}(1 - e^{-\frac{1}{2}t})$$

より，

$$m_x = \frac{\frac{2}{3}(1 - e^{-\frac{1}{2}})}{\displaystyle\int_0^1 \left( \frac{1}{3} + \frac{2}{3}e^{-\frac{1}{2}t} \right) dt}$$

$$= \frac{2(1 - e^{-\frac{1}{2}})}{5 - 4e^{-\frac{1}{2}}} \quad \text{（答）}$$

【補足】

　$l_x$ が $0 \le t < 1$ で $x$ の1次関数なら $q_x = \dfrac{2m_x}{2 + m_x}$ が使えるが，今回は使えない．

　実際，$l_x = ax + b \ (a < 0)$ という1次関数のかたちで表されるとき，

$$_tp_x = \frac{l_{x+t}}{l_x} = 1 + \frac{at}{ax + b}$$

$$\mu_{x+t} = -\frac{d}{dx}\log(l_{x+t}) = -\frac{a}{ax + b + at}$$

となり，問題文のように，${}_tp_x\mu_{x+t}$ が指数では表されない．

8.2 生命表および生命関数 **137**

問題 **8.14 (生命表が表す開集団)** ある定常社会で，1 年間の死亡数が
10,000 人，出生率 (総人口に対する出生数の比) が 1.8%，45 歳以上
の人口が総人口の 42% で，かつ 45 歳未満で死亡する者の死亡時の平均
年齢は 6.0 歳である．

このとき，次の 1.〜5. の値を求めよ．ただし，いずれも四捨五入したう
えで，1., 2. は整数，3., 4. は小数点以下第 1 位，5. は小数点以下第 6 位
で答えよ．

1.　総人口

2.　毎年 45 歳に達する人口

3.　この定常社会の平均寿命

4.　45 歳の平均余命

5.　45 歳以上での観察死亡率

■ **sairin's check**

- 「完全平均余命」×「観察死亡率」＝ 1 という関係がある．

【解答】

1.　$l_0 = d_0 + d_1 + \cdots = 10{,}000$ より，

$$T_0 = \frac{l_0}{0.018} \approx 555{,}556 \quad \text{(答)}$$

2.　死亡時平均年齢が 6　$\Longleftrightarrow$　次図の長方形の上にある左斜線の図形を縦
の長さが等しい長方形を用いて等積変形した場合に，横の長さが 6，と
いう関係があるので，

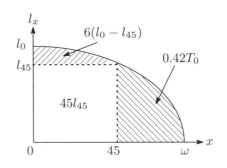

$$6(l_0 - l_{45}) + 45l_{45} + 0.42T_0 = T_0$$
$$\iff 39l_{45} = 0.58T_0 - 6l_0$$
$$\iff l_{45} \approx 6{,}724 \quad (答)$$

3. $\mathring{e}_0 = \dfrac{T_0}{l_0} \approx 55.6$ （答）

4. $\mathring{e}_{45} = \dfrac{T_{45}}{l_{45}} \approx 34.7$ （答）

5. $\dfrac{1}{\mathring{e}_{45}} \approx 0.028818$ （答）

8.2 生命表および生命関数 **139**

問題 **8.15** (ゴムパーツの法則)　死力 $\mu_x = B \cdot c^x$ ($B, c$ は定数) と表されるとき, $p_{60}$ の値を求めよ.

ただし, $p_{40} = e^{-0.030}$, $p_{50} = e^{-0.045}$ とする.

■ **sairin's check**

- $\mu_x = Bc^x$ はゴムパーツの法則と呼ばれる.
- $\mu_x = Bc^x$ から, $l_x = k \cdot g^{c^x}$ (ただし, $k$ は正の定数, $\log g = -\dfrac{B}{\log c}$) が導かれることも押さえておきたい.

**【解答】**

まず, 与えられた条件から, $p_{60}$ を $B, c$ で表すことにすると,

$$p_{60} = \exp\left(-\int_0^1 \mu_{60+t}dt\right)$$
$$= \exp\left(-\int_0^1 Bc^{60+t}dt\right)$$
$$= \exp\left(-\frac{Bc^{60}}{\log c}(c-1)\right)$$

次に, $p_{40}, p_{50}$ の数値が与えられているので, これを用いると, 上記と同様に,

$$p_{40} = \exp\left(-\frac{Bc^{40}}{\log c}(c-1)\right) = \exp(-0.030)\ \text{より},$$
$$\frac{Bc^{40}}{\log c}(c-1) = 0.030 \qquad\qquad \cdots\cdots(1)$$
$$p_{50} = \exp\left(-\frac{Bc^{50}}{\log c}(c-1)\right) = \exp(-0.045)\ \text{より},$$
$$\frac{Bc^{50}}{\log c}(c-1) = 0.045 \qquad\qquad \cdots\cdots(2)$$

(2)÷(1) より, $c^{10} = \dfrac{0.045}{0.030} = 1.5$ となる. このとき,

140　第 8 章　保険料

$$p_{60} = \exp\left(-\frac{Bc^{60}}{\log c}(c-1)\right)$$

$$= \exp\left(-c^{10}\frac{Bc^{50}}{\log c}(c-1)\right)$$

$$= \exp(-1.5 \cdot 0.045)$$

$$= \exp(-0.0675) \quad (答)$$

8.3 純保険料 **141**

## 8.3 純保険料

問題 **8.16**(保険現価・年金現価)　$A_x = 0.190, A_{x+1} = 0.195, P_x = 0.01$ のとき，$q_x$ の値を求めよ.

■ **sairin's check**

- $A_x = vq_x + vp_x A_{x+1}$ は，生命年金現価に関する「隣接二項間の公式 $(\ddot{a}_x = 1 + vp_x\ddot{a}_{x+1})$」とセットで覚えるといい.

【解答】

$A_x$ の再帰式 (5.203) より，

$$A_x = vq_x + vp_x A_{x+1}$$
$$= vq_x(1 - A_{x+1}) + vA_{x+1}$$

$q_x$ について整理して，

$$q_x = \frac{A_x - vA_{x+1}}{v(1 - A_{x+1})}$$

$A_x, A_{x+1}$ については数値がわかっているので，残っている $v$ を求める.

$$P_x = \frac{A_x}{\ddot{a}_x} = d\frac{A_x}{1 - A_x}$$

したがって，

$$d = P_x \cdot \frac{1 - A_x}{A_x}$$
$$\approx 0.042632$$

よって，

$$v = 1 - d \approx 0.957368$$

以上より，$q_x \approx 0.004299$　（答）

**問題 8.17（純保険料 (1)）** $x$ 歳加入，保険料年払全期払込，保険金年度末支払，保険期間 30 年で，次の給付を行う養老保険の年払純保険料 $P$ の値は 0.09 であった．

【給付内容】
- 死亡保険金：最初の 15 年間は 2，残りの 15 年間は 1
- 生存保険金：15 年経過時に 1，満期時に 1

$x$ 歳加入，保険料年払全期払込，保険金年度末支払，保険金額 1，保険期間 15 年の養老保険の年払純保険料 $P_{x:\overline{15|}}$ が 0.10 となる場合，$x$ 歳加入，保険料年払全期払込，保険金年度末支払，保険金額 1，保険期間 30 年の養老保険の年払純保険料 $P_{x:\overline{30|}}$ の値を求めよ．ただし，予定利率，予定死亡率はすべての保険で共通とし，予定利率 $i = 3.00\%$ とする．

■ **sairin's check**
- 本問の保障内容は，保険期間が 15 年および 30 年の 2 つの養老保険に同時加入したものと等しく，下図のような「2 階建て」の保険となる．

【解答】
収支相等式をかくと，

$$P\ddot{a}_{x:\overline{30|}} = 2A^1_{x:\overline{15|}} + A^{\;\;1}_{x:\overline{15|}}A_{x+15:\overline{15|}} + A^{\;\;1}_{x:\overline{15|}} + A^{\;\;1}_{x:\overline{15|}}A_{x+15:\overline{15|}}$$
$$= A_{x:\overline{15|}} + A^{\;\;1}_{x:\overline{15|}}A_{x+15:\overline{15|}} + A^1_{x:\overline{15|}}$$
$$= A_{x:\overline{15|}} + A_{x:\overline{30|}}$$

$P$ について整理すると，

$$P = \frac{A_{x:\overline{15|}}}{\ddot{a}_{x:\overline{30|}}} + P_{x:\overline{30|}}$$

$$= A_{x:\overline{15|}}(P_{x:\overline{30|}} + d) + P_{x:\overline{30|}}$$

$P_{x:\overline{30|}}$ について整理すると,

$$P_{x:\overline{30|}} = \frac{P - A_{x:\overline{15|}}d}{1 + A_{x:\overline{15|}}}$$

$A_{x:\overline{15|}}$ を求める.

$$P_{x:\overline{15|}} = d\frac{A_{x:\overline{15|}}}{1 - A_{x:\overline{15|}}}$$

$$\Longleftrightarrow \quad A_{x:\overline{15|}} = \frac{P_{x:\overline{15|}}}{P_{x:\overline{15|}} + d}$$

ここで,

$$d = \frac{i}{1+i} \approx 0.029126$$

より,

$$A_{x:\overline{15|}} \approx 0.774437$$

以上より, $P_{x:\overline{30|}} \approx 0.038009$ （答）

144 第8章 保険料

---

問題 8.18 (純保険料 (2))　$l_x = 100 - x \ (0 \le x \le 100), i = 0.0500$ であるとき，$P_{50}$ の値を求めよ．但し，必要ならば $v^{50} = 0.087204$ を用いよ．

---

■ sairin's check

- $A_x = 1 - d\ddot{a}_x$ を変形して $P_x = \dfrac{1}{\ddot{a}_x} - d$ を得た上で，両者を連立させて，$\ddot{a}_x$ を消去するのがポイント．

【解答】

$x$ 歳の死亡者数 $d_x$ は，

$$d_x = 100 - x - (100 - x - 1) = 1$$

である．これを踏まえて，$A_{50}$ を計算すると，

$$
\begin{aligned}
A_{50} &= \sum_{t=0}^{49} v^{t+1} {}_{t|}q_{50} \\
&= \sum_{t=0}^{49} v^{t+1} \frac{d_{50+t}}{l_{50}} \\
&= \sum_{t=0}^{49} \frac{v^{t+1}}{50} \\
&= \frac{1}{50}(v + v^2 + \cdots + v^{50}) \\
&= \frac{1}{50}\frac{1 - v^{50}}{i} \\
&\approx 0.365118
\end{aligned}
$$

したがって，

$$P_{50} = \frac{A_{50}}{1 - A_{50}}d \approx 0.027386 \quad (答)$$

8.3 純保険料 **145**

【別解・$\ddot{a}_{50}$ を使おうとすると…】

$P_{50} = \dfrac{1}{\ddot{a}_{50}} - d$ より，$\ddot{a}_{50}$ を求める．

$$\ddot{a}_{50} = \sum_{t=0}^{49} v^t {}_tp_{50}$$

${}_tp_{50} = \dfrac{50-t}{50}$ より，

$$\ddot{a}_{50} = \sum_{t=0}^{49} \left( v^t - \frac{tv^t}{50} \right)$$
$$= \ddot{a}_{\overline{50|}} - \frac{1}{50} \left\{ (I\ddot{a})_{\overline{50|}} - \ddot{a}_{\overline{50|}} \right\}$$
$$= \frac{51}{50} \ddot{a}_{\overline{50|}} - \frac{1}{50} (I\ddot{a})_{\overline{50|}}$$

ここで，

$$\ddot{a}_{\overline{50|}} = \frac{1-v^{50}}{d} \approx 19.168716$$
$$(I\ddot{a})_{\overline{50|}} = \frac{\ddot{a}_{\overline{50|}} - 50v^{50}}{d} \approx 310.978836$$

より，$\ddot{a}_{50} \approx 13.332514$ となるので，$P_{50} = \dfrac{1}{\ddot{a}_{50}} - d$ に代入することで，
$P_{50} \approx 0.027386$　　（答）

【補足】

$\ddot{a}_{50}$ を求めようとすると，$(I\ddot{a})_{\overline{50|}}$ などが出てきて大変．$l_x$ が 1 次関数で，かつ傾き $= 1$ から $d_x = 1$ となるパターンとしておさえる．

**146** 第8章 保険料

---

問題 **8.19**(計算基数)　$C_x = 40, D_{x+1} = 36,000, N_{x+1} = 683,000, i = 0.04$ の時，$A_x$ の値を求めよ.

■ **sairin's check**

- $C_x = vD_x - D_{x+1}$ で，$v = 1 - d$ の関係を用いれば，$C_x = (1-d)D_x - D_{x+1} = (D_x - D_{x+1}) - dD_x$ と変形できる．最右辺の（　）内が階差数列になっているので，辺々加えると，$M_x = D_x - dN_x$ が得られる.

【解答】

$A_x$ を計算基数を用いて表すと，

$$A_x = \frac{M_x}{D_x}$$

であるので，$M_x, D_x$ を求めればよい.

$$C_x = v^{x+1}(l_x - l_{x+1})$$
$$= vD_x - D_{x+1}$$
$$\Longleftrightarrow \quad D_x = \frac{C_x + D_{x+1}}{v} = 37,482$$

また，

$$M_x = vN_x - N_{x+1}$$
$$= v(N_{x+1} + D_x) - N_{x+1}$$
$$\approx 9,771$$

以上より，$A_x \approx 0.260685$　　（答）

8.3 純保険料　**147**

---

問題 **8.20**（累加・累減 **(1)**）　$(IA)_{x:\overline{n|}} = r, (DA)_{x:\overline{n|}} = s, (I\ddot{a})_{x:\overline{n|}} = t,$
$(D\ddot{a})_{x:\overline{n|}} = u$ を用いて，予定利率を表せ．

■ **sairin's check**

- 予定利率を求める場合，$d$ または $v$ がわかればよい．

【解答】

累加・累減保険（年金）の和は，保険（年金）の一時払保険料の $n+1$ 倍になるので，

$$(IA)_{x:\overline{n|}} + (DA)_{x:\overline{n|}} = (n+1)A_{x:\overline{n|}} \cdots\cdots(1)$$

$$(I\ddot{a})_{x:\overline{n|}} + (D\ddot{a})_{x:\overline{n|}} = (n+1)\ddot{a}_{x:\overline{n|}} \cdots\cdots(2)$$

公式 (5.185) より，

$$A_{x:\overline{n|}} = 1 - d\ddot{a}_{x:\overline{n|}}$$

$$\Longleftrightarrow \quad d = \frac{1 - A_{x:\overline{n|}}}{\ddot{a}_{x:\overline{n|}}}$$

(1)，(2) を代入すると，

$$d = \frac{1 - \frac{r+s}{n+1}}{\frac{t+u}{n+1}}$$

$$= \frac{n+1-r-s}{t+u}$$

$v = 1 - d = \dfrac{t+u+r+s-n-1}{t+u}$ なので，

$$i = \frac{t+u}{t+u+r+s-n-1} - 1$$

$$= \frac{n+1-r-s}{t+u+r+s-n-1} \quad \text{（答）}$$

**【別解】**

公式 (5.192) より，

$$(IA)_{x:\overline{n}|} = \ddot{a}_{x:\overline{n}|} - d(I\ddot{a})_{x:\overline{n}|}$$

$d$ について整理すれば，与えられた条件と (2) より，

$$d = \frac{\ddot{a}_{x:\overline{n}|} - (IA)_{x:\overline{n}|}}{(I\ddot{a})_{x:\overline{n}|}}$$

$$= \frac{\frac{t+u}{n+1} - r}{t}$$

あとは，解答どおり，$v$ と $i$ を求めればよい．

$$\begin{aligned} v &= 1 - d \\ &= 1 - \frac{\frac{t+u}{n+1} - r}{t} \\ &= \frac{t(n+1) - (t+u) + (n+1)r}{t(n+1)} \\ i &= \frac{t(n+1)}{(t+r)(n+1) - (t+u)} - 1 \\ &= \frac{t + u - r(n+1)}{r(n+1) + nt - u} \quad \text{(答)} \end{aligned}$$

※別解では $(DA)_{x:\overline{n}|} = s$ を使う必要がないため，解答と違う表記になっている．

**【補足】**

解答の累加・累減保険（年金）の和は，右のような表をイメージするとよい．

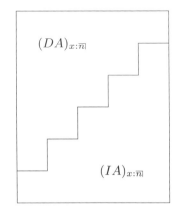

**問題 8.21（累加・累減 (2)）** $A_x = 0.162, \ddot{a}_x = 16.084, (IA)_x = 4.746,$ $(I\ddot{a})_{x+1} = 212.82$ のとき，$p_x$ を求めよ．

■ **sairin's check**
- 以下の図を期始払生命年金で考えれば，1 階部分の

…が $\ddot{a}_x$ に等しいので，

$$(I\ddot{a})_x = \ddot{a}_x + vp_x(I\ddot{a})_{x+1}$$

の右辺は，「1 階部分」+「2 階以上部分」を表す．

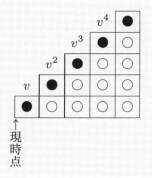

↑現時点

【解答】

公式 (5.194) より，

$$(I\ddot{a})_x = \ddot{a}_x + vp_x(I\ddot{a})_{x+1}$$
$$\iff p_x = \frac{(I\ddot{a})_x - \ddot{a}_x}{v(I\ddot{a})_{x+1}}$$

あとは $(I\ddot{a})_x$ を求めばよい．$\ddot{a}_x, (IA)_x$ は数値が与えられているので，公式 (5.192) より，

$$(IA)_x = \ddot{a}_x - d(I\ddot{a})_x$$
$$\iff (I\ddot{a})_x = \frac{\ddot{a}_x - (IA)_x}{d}$$

**150**　第8章　保険料

ここで，$d$ を求める必要が出てくるが，公式 (5.186) より，

$$A_x = 1 - d\ddot{a}_x \iff d = \frac{1 - A_x}{\ddot{a}_x}$$

$$\approx 0.052101$$

より，

$$(I\ddot{a})_x \approx 217.615785$$

$$v = 1 - d \approx 0.947899$$

以上より，数値を代入することによって，$p_x \approx 0.999008$　　（答）

8.3 純保険料 **151**

---

問題 **8.22**（累加・累減 **(3)**） $x$ 歳加入，保険金年度末支払，保険金額 1，保険期間 $n$ 年の養老保険において，$\dfrac{d}{di}A_{x:\overline{n}|}$ を $(IA)_{x:\overline{n}|}$ を用いて表せ．

■ **sairin's check**

- $A_{x:\overline{n}|}$ を予定利率で微分する場合，$p_x$ および $q_x$ は予定利率に関係ない定数とみなせるため，（$A_{x:\overline{n}|} = 1 - d\ddot{a}_{x:\overline{n}|}$ を用いずに）$A_{x:\overline{n}|}$ の定義を用いて計算した方が早い．

【解答】

まず，$\dfrac{d}{di}A^{1}_{x:\overline{n}|}$ を求めると，

$$\frac{d}{di}A^{1}_{x:\overline{n}|} = \sum_{t=0}^{n-1}\frac{d}{di}v^{t+1}{}_{t|}q_x$$

ここで，$\dfrac{d}{di}(1+i)^{-t-1} = -(t+1)(1+i)^{-t-2}$ より，

$$= -\sum_{t=0}^{n-1}(t+1)v^{t+2}{}_{t|}q_x$$

$$= -v\sum_{t=0}^{n-1}(t+1)v^{t+1}{}_{t|}q_x$$

$$= -v(IA)^{1}_{x:\overline{n}|}$$

次に，$\dfrac{d}{di}A_{x:\frac{1}{n}|}$ を求めると，

$$\frac{d}{di}A_{x:\frac{1}{n}|} = \frac{d}{di}v^n{}_n p_x$$

$$= -nv^{n+1}{}_n p_x$$

$$= -v \cdot nA_{x:\frac{1}{n}|}$$

したがって，それぞれの式を足すことによって，

$$\frac{d}{di}A_{x:\overline{n}|} = -v(IA)_{x:\overline{n}|} \quad （答）$$

**152** 第 8 章 保険料

---

問題 **8.23**（連続年金現価）

$$\frac{d}{dx}(l_x \overline{a}_{x:\overline{n}|})$$

を求めよ.

---

■ **sairin's check**

- 生保数理では,「微分と積分の順序交換」は自明なものとして扱って構わない（厳密には, 広義積分の場合, 一様収束などの確認が必要）.

【解答】

まず, $\overline{a}_{x:\overline{n}|}$ の微分を考えると,

$$\frac{d}{dx}\overline{a}_{x:\overline{n}|} = \frac{d}{dx}\int_0^n v^t\,{}_tp_x dt$$

$$= \int_0^n v^t(-\mu_{x+t}\cdot {}_tp_x + \mu_x \cdot {}_tp_x)dt$$

$$= -\overline{A}^1_{x:\overline{n}|} + \mu_x\overline{a}_{x:\overline{n}|}$$

したがって,

$$\frac{d}{dx}(l_x\overline{a}_{x:\overline{n}|}) = -l_x\mu_x\overline{a}_{x:\overline{n}|} - l_x\overline{A}^1_{x:\overline{n}|} + l_x\mu_x\overline{a}_{x:\overline{n}|}$$

$$= -l_x\overline{A}^1_{x:\overline{n}|} \quad \text{（答）}$$

【別解・直接計算する方法】

$$\frac{d}{dx}(l_x\overline{a}_{x:\overline{n}|}) = \frac{d}{dx}\int_0^n l_x v^t\,{}_tp_x dt = \frac{d}{dx}\int_0^n v^t l_{x+t}dt$$

$$= \int_0^n v^t\left(\frac{d}{dx}l_{x+t}\right)dt = \int_0^n v^t(-\mu_{x+t}l_{x+t})dt$$

$$= -\int_0^n v^t\,{}_tp_x l_x\mu_{x+t}dt = -l_x\int_0^n v^t\,{}_tp_x\mu_{x+t}dt$$

$$= -l_x\overline{A}^1_{x:\overline{n}|} \quad \text{（答）}$$

8.4 営業保険料　**153**

## 8.4 営業保険料

**問題 8.24（収支相等式）**　30 歳加入の終身保険 (保険料年払終身払込，死亡保険金年度末支払) で，営業保険料は加入時 100 万円，2 年目以降毎年度始に 4 万円ずつ払い込むものとするとき，死亡保険金額の値を求めよ．なお，予定利率は 1.00%，$\ddot{a}_{30} = 42.2$ とし，予定事業費は以下の通りとする．

| 予定新契約費 | 新契約時に死亡保険金額の 30 ‰ |
|---|---|
| 予定集金費 | 2 年目以降に保険料払込のつど，営業保険料 1 に対し 0.02 |
| 予定維持費 | 毎保険年度始に，死亡保険金額の 4 ‰ |

■ **sairin's check**
- 生保数理の問題では，死亡保険金を 1 として考えるため，収支相等の原則を用いて算式を立てる場合は 1 を省略することが多い．
- 本来は，本問のように，保険金額 $S$ を明記した上で算式を立てる習慣をつけた方がミスが少ないであろう．

**【解答】**
　収支相等式をかくと，

$$100 + 4(\ddot{a}_{30} - 1) = SA_{30} + 0.03S + 0.02 \cdot 4(\ddot{a}_{30} - 1) + 0.004 S \ddot{a}_{30}$$

$$\iff \quad S = \frac{100 + 4(\ddot{a}_{30} - 1) - 0.08(\ddot{a}_{30} - 1)}{A_{30} + 0.03 + 0.004 \ddot{a}_{30}}$$

$A_{30}$ を求めると，

$$A_{30} = 1 - d\ddot{a}_{30}$$

$$\approx 0.582178$$

以上より，$S \approx 334.841698$（万円）　（答）

**154** 第8章 保険料

---

問題 **8.25**（年金原資）　40歳加入，保険料年払20年払込，60歳年金開始，
年度始支払，年金額1の10年保証期間付終身年金保険（最初の10年間
は確定年金で，それ以降は被保険者の生存を条件に年金を支払う保険）
を考える．

なお，年金開始前に死亡した場合には，年度末に既払込保険料と同額を
支払うこととする．

予定利率は1.00％とし，予定事業費は以下のとおりとする．

| 予定新契約費 | 新契約時にのみ，年金原資1に対し0.03 |
|---|---|
| 予定維持費 | 毎保険年度始に，年金開始前は年金原資1に対し毎年0.003<br>年金開始後は年金額1に対し毎年0.006 |
| 予定集金費 | 保険料払込のつど，営業保険料1に対し0.02 |

ここで，年金原資とは，年金開始時点における (10年保証期間付終身年
金の) 年金現価であり，予定事業費を含まない金額をいう．

このとき，営業保険料を求めよ．必要ならば以下の基数を用いよ．

| $x$ | $D_x$ | $N_x$ | $M_x$ | $R_x$ |
|---|---|---|---|---|
| 40 | 65,692 | 2,199,256 | 43,917 | 1,744,712 |
| 60 | 50,219 | 1,027,831 | 40,042 | 893,573 |
| 70 | 40,214 | 568,678 | 34,584 | 514,922 |

■ **sairin's check**

- 教科書では，第7章の練習問題で年金原資が登場するが，そこでは，
  予定事業費率（維持費）を年金原資に含めている．

- しかし，過去問では，含める場合（平成28年度問題2(4) など）と含
  めない場合（平成27年度問題2(4) など）とが混在しているため，問
  題文の指示に従うしかない．

8.4 営業保険料  155

**【解答】**

年金原資 $F$ は,

$$F = \ddot{a}_{\overline{10|}} + A_{60:\overline{10|}}^{\phantom{60}1} \ddot{a}_{70}$$

ここで,

$$\ddot{a}_{\overline{10|}} = \frac{1 - v^{10}}{1 - v} \approx 9.566018$$

$$A_{60:\overline{10|}}^{\phantom{60}1} = \frac{D_{70}}{D_{60}} \approx 0.800773$$

$$\ddot{a}_{70} = \frac{N_{70}}{D_{70}} \approx 14.141294$$

より,$F \approx 20.889984$ である.

また,死亡時に既払込保険料を利息を付けずに返す保険は,年々 $P^*, 2P^*, 3P^*$ と金額が増えていく累加定期保険なので,$P^*(IA)_{40:\overline{20|}}^{\phantom{40}1}$ と表せる.

また,年金開始後の予定維持費は年金の現価が $F$ なので,$0.006F$ と表せる.これを用いて収支相等式を立てると,

$$P^* \ddot{a}_{40:\overline{20|}} = P^*(IA)_{40:\overline{20|}}^{\phantom{40}1} + A_{40:\overline{20|}}^{\phantom{40}1} \cdot F + 0.03F + 0.003F\ddot{a}_{40:\overline{20|}}$$

$$+ A_{40:\overline{20|}}^{\phantom{40}1} \cdot 0.006F + 0.02P^*\ddot{a}_{40:\overline{20|}}$$

$$\iff \quad P^* = \frac{1.006A_{40:\overline{20|}}^{\phantom{40}1} + 0.03 + 0.003\ddot{a}_{40:\overline{20|}}}{0.98\ddot{a}_{40:\overline{20|}} - (IA)_{40:\overline{20|}}^{\phantom{40}1}} F$$

ここで,$\ddot{a}_{40:\overline{20|}}, A_{40:\overline{20|}}^{\phantom{40}1}, (IA)_{40:\overline{20|}}^{\phantom{40}1}$ を求める.

$$\ddot{a}_{40:\overline{20|}} = \frac{N_{40} - N_{60}}{D_{40}} \approx 17.832080$$

$$A_{40:\overline{20|}}^{\phantom{40}1} = \frac{D_{60}}{D_{40}} \approx 0.764461$$

$$(IA)_{40:\overline{20|}}^{\phantom{40}1} = \frac{R_{40} - R_{60} - 20M_{60}}{D_{40}} = 0.765679$$

以上より,$P^* \approx 1.065822$ （答）

# ■第9章

## 責任準備金

**158** 第 9 章 責任準備金

## 9.1 責任準備金（純保険料式）

> 問題 **9.1**（過去法）　$P^1_{x:\overline{t}|} = 0.0063$，$P_{x:\frac{1}{t}|} = 0.0725$，${}_tV_{x:\overline{n}|} = 0.4175$ のとき，$P_{x:\overline{n}|}$ を求めよ.

### ■ sairin's check

- $\square^1_{x:\overline{t}|}, \square_{x:\frac{1}{t}|}$ が与えられていれば，過去法の責任準備金を用いれば早く解ける.　公式 (6.6) ${}_tV_{x:\overline{n}|} = \dfrac{P_{x:\overline{n}|} - P^1_{x:\overline{t}|}}{P_{x:\frac{1}{t}|}}$ (p.83) を使用.

- なお，公式 (6.4)$P_{x:\overline{n}|} \cdot \ddot{a}_{x:\overline{t}|} = A^1_{x:\overline{t}|} + A_{x:\frac{1}{t}|} \cdot {}_tV_{x:\overline{n}|}$ (p.82) を使用してもよい.

### 【解答】

過去法より，${}_tV_{x:\overline{n}|} = \dfrac{P_{x:\overline{n}|} - P^1_{x:\overline{t}|}}{P_{x:\frac{1}{t}|}}$ なので，

$$P_{x:\overline{n}|} = P^1_{x:\overline{t}|} + P_{x:\frac{1}{t}|} \cdot {}_tV_{x:\overline{n}|}$$

$$\approx 0.036569 \quad \text{（答）}$$

### 【別解・$t$ 年度末までの収支相等式を考える方法】

過去法より，

$$P_{x:\overline{n}|}\ddot{a}_{x:\overline{t}|} = A^1_{x:\overline{t}|} + A_{x:\frac{1}{t}|} \cdot {}_tV_{x:\overline{n}|}$$

したがって，両辺を $\ddot{a}_{x:\overline{t}|}$ で割ることによって，

$$P_{x:\overline{n}|} = P^1_{x:\overline{t}|} + P_{x:\frac{1}{t}|} \cdot {}_tV_{x:\overline{n}|}$$

$$\approx 0.036569 \quad \text{（答）}$$

9.1 責任準備金（純保険料式） **159**

---

**問題 9.2（将来法）** $A_{x:\overline{n}|} = 0.40,\ d = 0.06$ のとき，$_{n-1}V_{x:\overline{n}|}$ の値を求めよ．

---

■ **sairin's check**
- 公式 (6.13) $_tV_{x:\overline{n}|} = 1 - \dfrac{\ddot{a}_{x+t:\overline{n-t}|}}{\ddot{a}_{x:\overline{n}|}}$ (p.84) を使用．
- なお，問題文に，$_{n-1}V_{x:\overline{n}|}$ が与えられていれば，最終年度（第 $n$ 保険年度）における責任準備金の再帰式を利用してもよい．

**【解答】**

将来法より，

$$_{n-1}V_{x:\overline{n}|} = 1 - \frac{\ddot{a}_{x+n-1:\overline{1}|}}{\ddot{a}_{x:\overline{n}|}} = 1 - \frac{1}{\ddot{a}_{x:\overline{n}|}}$$

$$= 1 - \frac{d}{1 - A_{x:\overline{n}|}} = 0.9 \quad （答）$$

**【別解】**

ファクラーの再帰式を用いると，

$$_{n-1}V_{x:\overline{n}|} + P_{x:\overline{n}|} = vq_{x+n-1} + vp_{x+n-1} \cdot {_n}V_{x:\overline{n}|}$$

$_nV_{x:\overline{n}|} = 1$ より，

$$_{n-1}V_{x:\overline{n}|} = v - P_{x:\overline{n}|}$$

ここで，$d = 1-v$ なので，$v = 1-d = 0.94$ となり，また
$P_{x:\overline{n}|} = \dfrac{A_{x:\overline{n}|}}{\ddot{a}_{x:\overline{n}|}} = \dfrac{A_{x:\overline{n}|} \cdot d}{d\ddot{a}_{x:\overline{n}|}} = \dfrac{A_{x:\overline{n}|}}{1 - A_{x:\overline{n}|}} \cdot d$ より，

$$P_{x:\overline{n}|} = \frac{A_{x:\overline{n}|}}{1 - A_{x:\overline{n}|}} \cdot d = 0.04$$

よって，$_{n-1}V_{x:\overline{n}|} = 0.9$ （答）

**160**　第 9 章　責任準備金

---

問題 9.3（ファクラーの再帰式 (1)）　$x$ 歳加入，保険期間 10 年の保険で，
10 年後に生存すれば保険金 5 を支払い，第 $t$ 保険年度 $(t = 1, 2, \ldots, 10)$
に死亡すれば，その保険年度末に責任準備金と $t$ を加えた金額を支払う
ものとする．このとき，年払純保険料を求めよ．
但し，予定利率は 0.02，死亡率は年齢に関係なく 0.003 とする．必要な
らば $v^{10} = 0.820348, v^{11} = 0.804263$ を用いよ．

---

■ **sairin's check**

● 責任準備金の再帰式を解くには，添え字に注意して，「階差数列」を
作り出す．

## 【解答】

ファクラーの再帰式より，

$$_{t-1}V + P_{x:\overline{n}|} = (_tV + t)vq_{x+t-1} + vp_{x+t-1} \cdot {}_tV = v{}_tV + 0.003vt$$

両辺に $v^{t-1}$ をかけると，

$$v^{t-1}{}_{t-1}V + v^{t-1}P_{x:\overline{n}|} = v^t{}_tV + 0.003tv^t$$

$t = 1$ から $t = 10$ まで辺々加えると，

$$_0V + P_{x:\overline{n}|}\ddot{a}_{\overline{10}|} = v^{10}{}_{10}V + 0.003(Ia)_{\overline{10}|}$$

$$\Longleftrightarrow \quad P_{x:\overline{n}|} = \frac{5v^{10} + 0.003(Ia)_{\overline{10}|}}{\ddot{a}_{\overline{10}|}}$$

$\ddot{a}_{\overline{10}|}, (Ia)_{\overline{10}|}$ を求める．

$$\ddot{a}_{\overline{10}|} = \frac{1 - v^{10}}{1 - v} \approx 9.162252$$

$$(Ia)_{\overline{10}|} = \frac{\ddot{a}_{\overline{10}|} - 10v^{10}}{i} \approx 47.938600$$

以上より，$P_{x:\overline{n}|} \approx 0.463375$　　（答）

9.1 責任準備金（純保険料式） **161**

---

**問題 9.4（ファクラーの再帰式 (2)）** 40 歳加入，保険料一時払，保険期間
終身の次の給付を行う保険を考える．

【給付内容】

- 第 3 年度以前に死亡した場合，死亡した年度末に，一時払営業保険
  料を給付金として支払う．

- 第 4 年度以降，第 10 年度以前に死亡した場合，死亡した年度末に，
  その年度末の純保険料式責任準備金を給付金として支払う．

- 第 11 年度以降に死亡した場合，死亡した年度末に，保険金額 1 を
  支払う．

この保険の予定事業費は新契約費のみで，一時払営業保険料に対して
5%(新契約時のみ) とする．

このとき，この保険の一時払営業保険料の値を求めよ．

必要であれば，予定利率 $i = 2.00\%$，$A_{40:\overline{3}|} = 0.956$，$A_{40:\overline{3}|}^{\,1} = 0.950$，
$A_{50} = 0.660$ を用いなさい．

■ **sairin's check**

- 経過年数ごとに保険金額が異なる場合，責任準備金の再帰式は，保険
  金額が異なるパターンの数だけ必要．

- 本問の場合，死亡保険金額が 3 パターンに区分けされているため，責
  任準備金の再帰式は 3 種類必要．

**【解答】**

(1) 第 1 年度始から 3 年度末まで

$$P = A_{40:\overline{3}|}^{\,1} \cdot P^* + A_{40:\overline{3}|}^{\phantom{1}} \cdot {}_3V$$

(2) 第 4 年度始から 10 年度末まで

$$_3V = vq_{43} \cdot {}_4V + vp_{43} \cdot {}_4V$$
$$= v\,{}_4V$$
$$= \cdots$$
$$= v^7\,{}_{10}V$$

(3)　第11年度始以降

$$_{10}V = A_{50}$$

(1)～(3) をつなげると，

$$P = A_{40:\overline{3}|}^{1} \cdot P^* + A_{40:\overline{3}|}^{\phantom{1}} \cdot v^7 A_{50}$$

$P = 0.95P^*$ より，

$$P^* = \frac{A_{40:\overline{3}|}^{\phantom{1}} \cdot v^7 A_{50}}{0.95 - A_{40:\overline{3}|}^{1}}$$
$$\approx 0.578222 \quad （答）$$

9.1 責任準備金（純保険料式） **163**

問題 **9.5**（純保険料の分解）　40歳加入，保険料年払全期払込，保険金年度末支払，保険金額1，保険期間20年の養老保険において，第$t$年度における危険保険料を$_tP^r$とするとき，次を$v, \ddot{a}_{\overline{20|}}$を用いて表せ.

$$P_{40:\overline{20|}} - \frac{\displaystyle\sum_{t=1}^{20} {_tP^r} v^{t-1}}{\displaystyle\sum_{t=1}^{20} v^{t-1}}$$

■ **sairin's check**
- [教科書]（上巻）p.203 問題 (13) と同じ問題.
- 危険保険料に関する問題の場合，ファクラーの再帰式を利用する.

【解答】
　ファクラーの再帰式より，

$$_{t-1}V + P = vq_{40+t-1} + vp_{40+t-1} \cdot {_tV}$$

$$P = v(1 - {_tV})q_{40+t-1} + v{_tV} - {_{t-1}V}$$

両辺に$v^{t-1}$をかけて，

$$v^{t-1}P = v^{t-1}{_tP^r} + v^t{_tV} - v^{t-1}{_{t-1}V}$$

$t=1$から$t=20$まで辺々加えると，

$$P\ddot{a}_{\overline{20|}} = \sum_{t=1}^{20} v^{t-1}{_tP^r} + v^{20}$$

したがって，

$$P - \frac{\displaystyle\sum_{t=1}^{20} v^{t-1}{_tP^r}}{\displaystyle\sum_{t=1}^{20} v^{t-1}} = \frac{v^{20}}{\displaystyle\sum_{t=1}^{20} v^{t-1}} = \frac{v^{20}}{\ddot{a}_{\overline{20|}}} \quad \text{（答）}$$

**164** 第9章 責任準備金

---

問題 9.6（**Thiele の微分方程式**）　保険料一時払，保険期間 $n$ 年，満期保
険金額 2 の生存保険で，期間途中の死亡に対しては責任準備金の 7 割を
即時に支払う保険を考える．この保険の一時払純保険料を Thiele の微
分方程式を用いて求めよ．Thiele の微分方程式は下記の通り．

$$\frac{d_t V^{(\infty)}}{dt} = (\mu_{x+t} + \delta)_t V^{(\infty)} + P_t^{(\infty)} - E_t - \mu_{x+t} S_t$$

※ $E_t$：生存給付金, $S_t$：死亡保険金

---

■ **sairin's check**

- Thiele（ティーレ）の微分方程式を解く場合，3 つの条件「保険料払
  込方法が一時払または連続払」，「死亡給付が責任準備金比例」，「死亡
  給付が即時払」が必要．

- なお，記号が紛らわしいが，次の点にも注意．
  $$\begin{cases} 保険料払込方法が一時払であれば，純保険料は {}_0V^{(\infty)} で，P_0^{(\infty)} = 0 \\ 保険料払込方法が連続払であれば，純保険料は P_0^{(\infty)} で，{}_0V^{(\infty)} = 0 \end{cases}$$

**【解答】**

Thiele の微分方程式より，

$$\frac{d}{dt}\,{}_tV^{(\infty)} = (\mu_{x+t} + \delta)_t V^{(\infty)} - 0.7_t V^{(\infty)} \cdot \mu_{x+t}$$

両辺を ${}_tV^{(\infty)}$ で割ると，

$$\frac{1}{{}_tV^{(\infty)}}\frac{d}{dt}\,{}_tV^{(\infty)} = 0.3\mu_{x+t} + \delta$$

$$\iff \left[\log {}_tV^{(\infty)}\right]_0^n = \int_0^n (0.3\mu_{x+t} + \delta)\,dt$$

$$\iff \log\frac{{}_nV^{(\infty)}}{{}_0V^{(\infty)}} = \int_0^n 0.3\mu_{x+t}dt + \delta n$$

$$\iff \frac{{}_0V^{(\infty)}}{2} = \left\{\exp\left(-\int_0^n \mu_{x+t}dt\right)\right\}^{0.3} e^{-\delta n}$$

したがって，${}_0V^{(\infty)} = 2v^n({}_np_x)^{0.3}$　（答）

9.2 実務上の責任準備金 **165**

## 9.2 実務上の責任準備金

問題 **9.7**（初年度定期式） $x$ 歳加入，年払全期払込 $n$ 年満期養老保険（保険金額 1，保険金年末払）において，チルメル割合 $\alpha$ の全期チルメル式責任準備金 $_tV_{x:\overline{n}|}^{[z]}$ が $t=1$ でちょうど 0 となるとき，$\ddot{a}_{x:\overline{n}|}$ の値を求めよ．但し，$i=0.04$，$q_x=0.0018$，$\alpha=0.03$ とする．

### ■ sairin's check
- 全期チルメル式の「全期」とは，$h=m$ の場合を指す．
- つまり，チルメル期間と保険料払込期間が等しい場合を指すのであり，チルメル期間と保険期間が等しくなくても構わない．

### 【解答】

「払込期間＝チルメル期間」「$_1V^{[z]}=0$」より初年度定期式が読み取れるので，

$$\alpha = P_{x+1:\overline{n-1}|} - vq_x$$

数値代入して，

$$P_{x+1:\overline{n-1}|} \approx 0.031731$$

$P_{x+1:\overline{n-1}|} = \dfrac{1}{\ddot{a}_{x+1:\overline{n-1}|}} - d$ なので，

$$\frac{1}{\ddot{a}_{x+1:\overline{n-1}|}} - d \approx 0.031731$$

よって，

$$\ddot{a}_{x+1:\overline{n-1}|} \approx 14.246529$$

したがって，

$$\ddot{a}_{x:\overline{n}|} = 1 + vp_x\ddot{a}_{x+1:\overline{n-1}|}$$

$$\approx 14.673928 \quad \text{（答）}$$

**166** 第9章 責任準備金

---

> **問題 9.8 (チルメル式責任準備金 (1))** $x$ 歳加入，保険期間 $n$ 年，年払全期払込養老保険 (保険金額 1，保険金年末支払) において，チルメル割合 $\alpha$ の 10 年チルメル式責任準備金 ${}_tV_{x:\overline{n|}}^{[10z]}$ が $t=1$ で ${}_1V_{x:\overline{n|}}^{[10z]}=0$ になるという．
>
> 予定利率 $i=3.00\%$，$\alpha=0.03$，$2\cdot\ddot{a}_{x:\overline{10|}}=\ddot{a}_{x:\overline{n|}}=12$ のとき，$p_x$ の値を求めよ．

<br>

■ **sairin's check**

- 本問の場合，$n=10$ とは限らないため，全期チルメル式とは限らず，したがって，初年度定期式責任準備金とは限らない．

<br>

**【解答】**

${}_1V_{x:\overline{n|}}^{[10z]}$ は，

$$
\begin{aligned}
{}_1V_{x:\overline{n|}}^{[10z]} &= {}_1V_{x:\overline{n|}} - \frac{\ddot{a}_{x+1:\overline{9|}}}{\ddot{a}_{x:\overline{10|}}}\alpha \\
&= 1 - \frac{\ddot{a}_{x+1:\overline{n-1|}}}{\ddot{a}_{x:\overline{n|}}} - \frac{\ddot{a}_{x+1:\overline{9|}}}{\ddot{a}_{x:\overline{10|}}}\alpha \\
&= 0
\end{aligned}
$$

分母を払って，数値代入すると，

$$
12 - \ddot{a}_{x+1:\overline{n-1|}} - 0.06\ddot{a}_{x+1:\overline{9|}} = 0 \qquad\qquad \cdots\cdots(1)
$$

また，再帰式 (5.198) より，

$$
\ddot{a}_{x:\overline{n|}} = 1 + vp_x\ddot{a}_{x+1:\overline{n-1|}}
$$
$$
\Longleftrightarrow \quad \ddot{a}_{x+1:\overline{n-1|}} = \frac{\ddot{a}_{x:\overline{n|}}-1}{vp_x}
$$

同様に，

$$
\ddot{a}_{x+1:\overline{9|}} = \frac{\ddot{a}_{x:\overline{10|}}-1}{vp_x}
$$

(1) に代入すると,

$$12vp_x - \ddot{a}_{x:\overline{n}|} + 1 - 0.06\ddot{a}_{x:\overline{10}|} + 0.06 = 0$$

数値代入して,

$$12vp_x = 11.3$$

よって, $p_x \approx 0.969917$ (答)

【別解】

チルメル式であるから,

$$P_2 - P_1 = \alpha$$
$$P_1 + P_2(\ddot{a}_{x:\overline{10}|} - 1) = P_{x:\overline{n}|}\ddot{a}_{x:\overline{10}|}$$

の 2 式より,

$$P_2 = P_{x:\overline{n}|} + \frac{\alpha}{\ddot{a}_{x:\overline{10}|}}$$
$$= \frac{1}{\ddot{a}_{x:\overline{n}|}} - d + \frac{\alpha}{\ddot{a}_{x:\overline{10}|}}$$

与えられた数値を代入すると, $P_2 \approx 0.059207$ であるから,

$$P_1 = P_2 - \alpha \approx 0.029207$$

一方, $_1V_{x:\overline{n}|}^{[10z]} = 0$ であることと公式 (6.37) $P_1 + P_2(\ddot{a}_{x:\overline{t}|} - 1) = A_{x:\overline{t}|}^{1} + A_{x:\overline{t}|}^{\ \ 1} \cdot {}_tV_{x:\overline{n}|}^{[z]}$ に $t=1$ を適用することで, $P_1 = vq_x$ となるので,

$$q_x = \frac{P_1}{v} \approx 0.030083$$

ゆえに, $p_x = 1 - q_x \approx 0.969917$ (答)

【別解の補足】

$P_1 = vq_x$ は, まぎれもなく初年度の純保険料が 1 年定期保険の純保険料であることを表す.

**168** 第9章 責任準備金

---

**問題 9.9（チルメル式責任準備金 (2)）** 40歳加入，保険料年払全期払込，保険金年度末支払，保険金額1，保険期間30年の養老保険において，責任準備金をチルメル割合0.02の5年チルメル式で積み立てるとき，第1保険年度の付加保険料を求めよ．

なお，予定事業費は以下の通りとし，必要であれば，予定利率 $i = 1.00\%$，$\ddot{a}_{40:\overline{30|}} = 24.7$，$\ddot{a}_{40:\overline{5|}} = 4.9$ を用いなさい．

| | 予定事業費 |
|---|---|
| 予定新契約費 | 新契約時にのみ，保険金額1に対し0.03 |
| 予定維持費 | 毎保険年度始に，保険金額1に対し0.002 |
| 予定集金費 | 保険料払込のつど，営業保険料1に対し0.03 |

---

■ **sairin's check**

● チルメル式責任準備金が考案された理由は，新契約費を捻出するために，責任準備金の積立（費用）を最小限に抑えるというもの．

● したがって，第1保険年度の予定新契約費とチルメル割合とが，ほぼ同じ値となることは，決して偶然ではない．

---

**【解答】**

まず，付加保険料 $= P^* - P_1$ であることに注意する．$P_1, P^*$ を求めると，

$$P_1 = P_2 - \alpha$$
$$= P + \frac{\alpha}{\ddot{a}_{40:\overline{5|}}} - \alpha$$

ここで，

$$P = \frac{1}{\ddot{a}_{40:\overline{30|}}} - d$$
$$\approx 0.030585$$

より,

$$P_1 \approx 0.014667$$

収支相等式を立てると,

$$P^* \ddot{a}_{40:\overline{30}|} = A_{40:\overline{30}|} + 0.03 + 0.002\ddot{a}_{40:\overline{30}|} + 0.03P^* \ddot{a}_{40:\overline{30}|}$$

したがって,

$$P^* = \frac{A_{40:\overline{30}|} + 0.03 + 0.002\ddot{a}_{40:\overline{30}|}}{0.97\ddot{a}_{40:\overline{30}|}}$$

$A_{40:\overline{30}|} \approx 0.755445$ より,$P^* \approx 0.034845$ である.

以上より,付加保険料は $0.020178$    (答)

**170** 第9章 責任準備金

---

**問題 9.10（チルメル式ファクラーの再帰式）** 契約年齢30歳，保険期間30年，年払全期払込で次の（ア）および（イ）の給付を行う保険の営業保険料を求めよ．

（ア） 保険期間中の死亡に対してはその保険年度末全期チルメル式責任準備金を年度末に支払う．（各年度末の全期チルメル式責任準備金は正である．）

（イ） 満期まで生存したときは保険金1を支払う．

ただし，付加保険料は新契約費のみで契約時に保険金額1に対して0.02とし，チルメル割合は新契約費に等しいものとし，予定利率2.0%とする．

なお，必要ならば，$v^{30} = 0.552071$ を使用すること．

---

■ **sairin's check**

● 死亡給付が全期チルメル式責任準備金に等しいからといって，保険会社が積み立てる責任準備金も全期チルメル式責任準備金とは限らない．

● 本問の場合，保険会社が積み立てる責任準備金の積立方式に関する条件が与えられていないため，計算が簡単になるように，全期チルメル式責任準備金を保険会社が積み立てるものと仮定するとよい．

● 付加保険料が，「契約時に保険金額比例で1回だけ徴収する新契約費のみ」という条件は，チルメル式責任準備金における純保険料（$P_2$）が営業保険料となることを表すものであり，チルメル式責任準備金に関する出題で登場することが多い．

9.2 実務上の責任準備金　**171**

【解答】

$P^*$ は，

$$P^* = P + \frac{\alpha}{\ddot{a}_{30:\overline{30}|}} = P_2$$

ファクラーの再帰式を立てると，第1年度は，

$$_0V^{[z]} + P_1 = vq_x \cdot {}_1V^{[z]} + vp_x \cdot {}_1V^{[z]}$$

第2年度以降は，

$$_tV^{[z]} + P_2 = vq_{x+t} \cdot {}_{t+1}V^{[z]} + vp_{x+t} \cdot {}_{t+1}V^{[z]}$$
$$= v_{t+1}V^{[z]}$$

両辺に $v^t$ をかけて，$t = 0$ から $t = 29$ まで辺々加えると，

$$_0V^{[z]} - \alpha + P_2\ddot{a}_{\overline{30}|} = v^{30}{}_{30}V^{[z]}$$
$$\iff P_2 = \frac{v^{30} + \alpha}{\ddot{a}_{\overline{30}|}}$$

$\ddot{a}_{\overline{30}|} \approx 22.844196$ なので，$P_2 \approx 0.025042$　　（答）

【補足】

$_0V^{[z]} = 0$ とするか，$_0V^{[z]} = -\alpha$ とするかは，1年目の $P$ を $P_1$ とするか，$P_2$ とするかによる．

責任準備金が負なのを避ける場合，$_0V^{[z]} = 0$ として1年目の $P$ を $P_1$ とおけばよい．

**172**　第9章　責任準備金

---

問題 **9.11**（確率論的表示 **(1)**）　$A_{x:\overline{n|}}$ および $\ddot{a}_{x:\overline{n|}}$ は発生確率 $\big\{q_x, {}_{1|}q_x, \ldots,$
${}_{n-1|}q_x, {}_np_x\big\}$ で生じる支払金の現価および支払総額の現価をそれぞれ
確率変数とした際の平均値として表すことができる.

$A_{x:\overline{n|}}$ および $\ddot{a}_{x:\overline{n|}}$ のそれぞれに対応する確率変数の分散を $\sigma^2(A_{x:\overline{n|}}) =$
$A_{x:\overline{n|}}^{[2]} - (A_{x:\overline{n|}})^2$ および $\sigma^2(\ddot{a}_{x:\overline{n|}}) = \ddot{a}_{x:\overline{n|}}^{[2]} - (\ddot{a}_{x:\overline{n|}})^2$ と表した場合, $A_{x:\overline{n|}}^{[2]}$
を $\ddot{a}_{x:\overline{n|}}$ と $\ddot{a}_{x:\overline{n|}}^{[2]}$ を用いて表せ.

ここで, $A_{x:\overline{n|}}^{[2]}$, $\ddot{a}_{x:\overline{n|}}^{[2]}$ はそれぞれ $A_{x:\overline{n|}}$, $\ddot{a}_{x:\overline{n|}}$ に対応する確率変数の二乗
を確率変数とした際の平均値を表すものとする.

---

■ **sairin's check**

● 純保険料に関する頻出公式である $A_{x:\overline{n|}} = 1 - d \cdot \ddot{a}_{x:\overline{n|}}$ は, ここでも威
力を発揮.

**【解答】**

分散の定義より,

$$\sigma^2(A_{x:\overline{n|}}) = A_{x:\overline{n|}}^{[2]} - (A_{x:\overline{n|}})^2$$

左辺に着目すると,

$$\begin{aligned}
左辺 &= \sigma^2(1 - d\ddot{a}_{x:\overline{n|}}) \\
&= d^2 \sigma^2(\ddot{a}_{x:\overline{n|}}) \\
&= d^2 \left\{ \ddot{a}_{x:\overline{n|}}^{[2]} - (\ddot{a}_{x:\overline{n|}})^2 \right\}
\end{aligned}$$

右辺について,

$$\begin{aligned}
(A_{x:\overline{n|}})^2 &= (1 - d\ddot{a}_{x:\overline{n|}})^2 \\
&= 1 - 2d\ddot{a}_{x:\overline{n|}} + d^2(\ddot{a}_{x:\overline{n|}})^2
\end{aligned}$$

よって，

$$d^2 \left\{ \ddot{a}_{x:\overline{n}|}^{[2]} - (\ddot{a}_{x:\overline{n}|})^2 \right\} = A_{x:\overline{n}|}^{[2]} - 1 + 2d\ddot{a}_{x:\overline{n}|} - d^2 (\ddot{a}_{x:\overline{n}|})^2$$

$$\Longleftrightarrow \quad A_{x:\overline{n}|}^{[2]} = 1 - 2d\ddot{a}_{x:\overline{n}|} + d^2 \ddot{a}_{x:\overline{n}|}^{[2]} \quad （答）$$

【補足】

$\sigma^2(kX) = k^2\sigma^2(X)$ となる性質はもちろん使って OK.

**174　第9章　責任準備金**

---

問題 **9.12**（確率論的表示 (2)）　　$x$ 歳加入，保険料年払全期払込，保険期間 $n$ 年の次の給付を行う保険を考える．

【給付内容】

- 満期まで生存すれば，満期時に生存保険金 1 を支払う．
- 満期までに死亡すれば，死亡した年度末に，払い込んだ年払平準営業保険料に各払込時点から予定利率と同じ利率 (年複利) による利息を付けた金額を支払う．

また，予定事業費は，保険料払込のつど営業保険料の 8% と，毎保険年度始に生存保険金額の 0.2% とする．

このとき，この保険の年払平準営業保険料の値を求めよ．

必要であれば，割引率 $d = 0.02$，$v^n = 0.57$，$_nq_x = 0.18$，$\ddot{a}_{x:\overline{n}|} = 21.0$ を用いなさい．

---

■ **sairin's check**

- 死亡給付が既払込保険料に予定利率と同じ利率を付利したものである場合，p.75 の公式 (5.167) を使うと早い．

---

【解答】

まず，死亡保険金の式を考える．

$$v q_x \cdot P^*(1+i) + v^2 {}_{1|}q_x \cdot P^* \left\{ (1+i)^2 + (1+i) \right\} + \cdots$$

$$= P^* \left\{ q_x + {}_{1|}q_x(1+v) + \cdots \right\}$$

$$= P^* \sum_{t=0}^{n-1} \ddot{a}_{\overline{t+1}|} \cdot {}_{t|}q_x$$

$$= P^*(\ddot{a}_{x:\overline{n}|} - \ddot{a}_{\overline{n}|} \cdot {}_np_x)$$

（最後の変形は確率論的表示を用いた）

これを元に収支相等式を立てると，

$$P^* \ddot{a}_{x:\overline{n}|} = P^*(\ddot{a}_{x:\overline{n}|} - \ddot{a}_{\overline{n}|} \cdot {}_np_x) + A_{x:\overline{n}|}^{\,1} + 0.08 P^* \ddot{a}_{x:\overline{n}|}$$
$$+ 0.002 \ddot{a}_{x:\overline{n}|}$$

$$\iff \quad P^* = \frac{A_{x:\overline{n}|}^{\,1} + 0.002 \ddot{a}_{x:\overline{n}|}}{\ddot{a}_{\overline{n}|} \cdot {}_np_x - 0.08 \ddot{a}_{x:\overline{n}|}}$$

$A_{x:\overline{n}|}^{\,1}, \ddot{a}_{\overline{n}|}$ を求める．

$$A_{x:\overline{n}|}^{\,1} = v^n\, {}_np_x = v^n(1 - {}_nq_x) \approx 0.4674$$

$$\ddot{a}_{\overline{n}|} = \frac{1 - v^n}{d} = 21.5$$

以上より，$P^* \approx 0.031937$　　（答）

【補足】

- $P^*(\ddot{a}_{x:\overline{n}|} - \ddot{a}_{\overline{n}|} \cdot {}_np_x)$：保険会社の支払
- $P^* \ddot{a}_{x:\overline{n}|}$：生存している限り営業保険料をそのまま返す
- $-P^* \ddot{a}_{\overline{n}|} \cdot {}_np_x$：満期まで生存した場合，これまで払い戻した営業保険料相当額を，満期保険金から差し引く

と解釈できる．

**176** 第9章 責任準備金

---

問題 **9.13**（確率論的表示 **(3)**）　55歳加入，保険料年払全期払込，保険金
年度末支払，保険金額1，保険期間5年の養老保険を考える．契約から
3年経過後の平準純保険料式責任準備金 $_3V_{55:\overline{5}|}$ は，残り2年間の会社
と契約者との取引の現価を表す確率変数の期待値とみることができる．
この確率変数の標準偏差の値を求めよ．
　ここで，$x$ 歳における予定死亡率 $q_x$ は下表のとおりとする．必要であ
れば，$v = 0.96$，$\ddot{a}_{55:\overline{5}|} = 4.5$ を用いなさい．

| $x$ | $q_x$ |
|----|-------|
| 58 | 0.004 |
| 59 | 0.005 |
| 60 | 0.006 |

---

■ **sairin's check**

● 責任準備金に関する頻出公式である

$$_tV_{x:\overline{n}|} = 1 - \frac{\ddot{a}_{x+t:\overline{n-t}|}}{\ddot{a}_{x:\overline{n}|}}$$

は，ここでも威力を発揮．

**【解答】**

　契約から3年後の責任準備金を将来法で表すと，

$$\sigma^2(_3V_{55:\overline{5}|}) = \sigma^2\left(1 - \frac{\ddot{a}_{58:\overline{2}|}}{\ddot{a}_{55:\overline{5}|}}\right)$$

$$= \frac{1}{(\ddot{a}_{55:\overline{5}|})^2}\sigma^2(\ddot{a}_{58:\overline{2}|})$$

分散の定義より，

$$\sigma^2(\ddot{a}_{58:\overline{2}|}) = E(\ddot{a}_{58:\overline{2}|}^2) - E(\ddot{a}_{58:\overline{2}|})^2$$

ここで，

$$E(\ddot{a}_{58:\overline{2}|}) = \ddot{a}_{\overline{1}|} \cdot q_{58} + \ddot{a}_{\overline{2}|} \cdot {}_{1|}q_{58} + \ddot{a}_{\overline{2}|} \cdot {}_{2}p_{58}$$

$$\approx 1.95616$$

$$E(\ddot{a}_{58:\overline{2}|}^2) = \ddot{a}_{\overline{1}|}^2 \cdot q_{58} + \ddot{a}_{\overline{2}|}^2 \cdot {}_{1|}q_{58} + \ddot{a}_{\overline{2}|}^2 \cdot {}_{2}p_{58}$$

$$\approx 3.830233$$

となるので，上記定義式に代入することで，

$$\sigma^2(\ddot{a}_{58:\overline{2}|}) \approx 0.003671$$

よって，標準偏差は，$\sqrt{\sigma^2({}_{3}V_{55:\overline{5}|})} \approx 0.013464$ （答）

**178　第9章　責任準備金**

---

**問題9.14（年 $k$ 回払い）**　以下の (1)〜(6) を埋めよ.

(1)　$i$ と $i^{(k)}$ と $\delta$ の大小関係を式で表すと　| (1) |　である.

(2)　$i$ を $i^{(k)}$ を用いて近似式で表すと　| (2) |　である.

(3)　$\ddot{a}_{\overline{n}|}^{(k)}$ を $\ddot{a}_{\overline{n}|}$ を用いて表すと　| (3) |　である.

(4)　$\ddot{a}_{x:\overline{n}|}^{(k)}$ を $\ddot{a}_{x:\overline{n}|}$ を用いて表すと　| (4) |　である.

(5)　$\bar{A}_{x:\overline{n}|}^{1}$ と $A_{x:\overline{n}|}^{1}{}^{(k)}$ の大小関係を式で表すと　| (5) |　である.

---

■ **sairin's check**

- 公式 (5.11) より，（$k=1$ の場合を含めて）$d \le d^{(k)} < \delta < i^{(k)} \le i$ となる（ただし，$i=0$ の場合を除く）.

- これは，辞書式順序 $(d < i)$ で覚えると同時に，有界な単調数列の収束性を思い出せば，$\displaystyle\lim_{k\to\infty} d^{(k)} = \delta = \lim_{k\to\infty} i^{(k)}$ となることも併せて押さえておきたい.

【解答】

(1)　年1回の金利，年 $k$ 回の金利，年 $\infty$ 回の金利を比べる. 金利の回数が少ない方が利息は多くなるので，

$$i > i^{(k)} > \delta \quad \text{（答）}$$

(2)　$1 + i = \left(1 + \dfrac{i^{(k)}}{k}\right)^k$ の右辺を展開すると，

$$1 + i = 1 + \binom{k}{1}\frac{i^{(k)}}{k} + \binom{k}{2}\left(\frac{i^{(k)}}{k}\right)^2 + \binom{k}{3}\left(\frac{i^{(k)}}{k}\right)^3 + \cdots$$

よって，

$$i \approx i^{(k)} + \frac{k-1}{2k}i^{(k)2} + \frac{(k-1)(k-2)}{6k^2}i^{(k)3} \quad \text{（答）}$$

9.2 実務上の責任準備金 **179**

(3) $\ddot{a}_{\overline{n}|}^{(k)}$ の定義式から変形すると，

$$\begin{aligned}
\ddot{a}_{\overline{n}|}^{(k)} &= \frac{1 - v^n}{d^{(k)}} \\
&= \frac{1 - v^n}{d} \frac{d}{d^{(k)}} \\
&= \frac{d}{d^{(k)}} \ddot{a}_{\overline{n}|} \quad \text{（答）}
\end{aligned}$$

(4) 年 $k$ 回期初払年金の支払方法を，各年の期初の支払はそのままとし，年の前半の支払（総額は $\frac{k-1}{2k}$）は年初に支払い，後半の支払（総額は同じく $\frac{k-1}{2k}$）は年末に支払う（ちょうど年央の支払は半分ずつ年初と年末に支払う）という方法に変えても，現価は近似的には同じである．この支払方法は，年 1 回期初払年金と比べて，年金開始時（現価 = 1）に $\frac{k-1}{2k}$ だけ支払が少なく，$n$ 年満期時（現価 $v^n{}_np_x$）に $\frac{k-1}{2k}$ だけ支払が多い．よって，

$$\ddot{a}_{x:\overline{n}|}^{(k)} \approx \ddot{a}_{x:\overline{n}|} - \frac{k-1}{2k}(1 - v^n{}_np_x) \quad \text{（答）}$$

(5) 以下 2 式を比較する．

$$\bar{A}_{x:\overline{n}|}^{1} \approx (1+i)^{\frac{1}{2}} A_{x:\overline{n}|}^{1}$$

$$A_{x:\overline{n}|}^{1\,(k)} \approx (1+i)^{\frac{k-1}{2k}} A_{x:\overline{n}|}^{1}$$

$(1+i) > 0$ より，指数部分が大きいほど値が大きいので，

$$\frac{1}{2} - \frac{k-1}{2k} = \frac{1}{2k} > 0$$

**180** 第 9 章 責任準備金

したがって,

$$\frac{1}{2} > \frac{k-1}{2k}$$

よって,$\bar{A}^{1}_{x:\overline{n}|} > A^{1\,(k)}_{x:\overline{n}|}$ （答）

【補足】

(5) については直感的に解釈すると，死んだらすぐ払う方がキャッシュフローが前倒しになるので現価は大きい.

9.3 解約その他諸変更に伴う計算　**181**

## 9.3　解約その他諸変更に伴う計算

**問題 9.15（払済保険・延長保険）**　50 歳加入，保険料年払全期払込，保険金年度末支払，保険金額 1，保険期間 20 年の養老保険において，10 年経過後に払済保険へ変更した場合の払済保険金額を $S_1$，延長保険へ変更した場合の延長保険の生存保険金額を $S_2$ とするとき，$\dfrac{S_2}{S_1}$ の値を求めよ．

ただし，$S_1$ および $S_2$ を計算する場合に用いる解約返戻金は変更時点の平準純保険料式責任準備金と同額とし，払済保険の予定事業費は毎年度始に払済保険金額 1 に対し 4 ‰，延長保険の予定事業費は毎年度始に死亡保険金額 1 に対し 2 ‰，生存保険金額 1 に対し 2 ‰ とする．

必要であれば，予定利率 $i = 1.00\%$，$D_{50} = 0.45$，$D_{60} = 0.37$，$D_{70} = 0.28$，$N_{50} = 11.04$，$N_{60} = 6.90$，$N_{70} = 3.60$ を用いなさい．

なお，変更時点で貸付金はない．

■ **sairin's check**
- 払済保険および延長保険では，解約返戻金を一時払保険料と考える．

**【解答】**

払済保険に変更する場合，延長保険に変更した場合の収支相等式をかくと，

$$\begin{cases} {}_{10}V_{50:\overline{20}|} = S_1(A_{60:\overline{10}|} + 0.004\ddot{a}_{60:\overline{10}|}) \\ {}_{10}V_{50:\overline{20}|} = A^{1}_{60:\overline{10}|} + 0.002\ddot{a}_{60:\overline{10}|} + S_2(A_{60:\overline{10}|}^{\;\;1} + 0.002\ddot{a}_{60:\overline{10}|}) \end{cases}$$

$$\iff \begin{cases} S_1 = \dfrac{{}_{10}V_{50:\overline{20}|}}{A_{60:\overline{10}|} + 0.004\ddot{a}_{60:\overline{10}|}} \\ S_2 = \dfrac{{}_{10}V_{50:\overline{20}|} - A^{1}_{60:\overline{10}|} - 0.002\ddot{a}_{60:\overline{10}|}}{A_{60:\overline{10}|}^{\;\;1} + 0.002\ddot{a}_{60:\overline{10}|}} \end{cases}$$

$\ddot{a}_{60:\overline{10}|}, A_{60:\overline{10}|}, A_{60:\overline{10}|}^{\;\;1}, A^{1}_{60:\overline{10}|}, {}_{10}V_{50:\overline{20}|}$ を求めると，

182 第9章 責任準備金

$$\ddot{a}_{60:\overline{10|}} = \frac{N_{60} - N_{70}}{D_{60}} \approx 8.918919$$

$$A_{60:\overline{10|}} = 1 - d\ddot{a}_{60:\overline{10|}} \approx 0.911694$$

$$A_{60:\overline{10|}}^{\phantom{1}1} = \frac{D_{70}}{D_{60}} \approx 0.756757$$

$$A_{60:\overline{10|}}^{1} = A_{60:\overline{10|}} - A_{60:\overline{10|}}^{\phantom{1}1} \approx 0.154937$$

$$\ddot{a}_{50:\overline{20|}} = \frac{N_{50} - N_{70}}{D_{50}} \approx 16.533333$$

$$_{10}V_{50:\overline{20|}} = 1 - \frac{\ddot{a}_{60:\overline{10|}}}{\ddot{a}_{50:\overline{20|}}} \approx 0.460549$$

以上より，

$$S_1 \approx 0.486134$$

$$S_2 \approx 0.371516$$

$$\frac{S_2}{S_1} \approx 0.764226 \quad （答）$$

【補足】

払済保険と延長保険を一言で言えば，

● 払済保険：保険期間はそのままで，解約返戻金で買える範囲で保険金額を引き下げる．

● 延長保険：定期保険金額は今のままで，解約返戻金で買える範囲の期間分定期保険を購入し，余剰があれば生存保険を購入する．

9.3 解約その他諸変更に伴う計算 **183**

**問題9.16（延長保険）** 50歳加入，保険料年払65歳払込満了の終身保険
(保険金年度末支払，保険金額1) において，加入後経過1年 ($t = 1$) の
時点で延長保険に変更する場合，変更時点からの延長期間を $T$，変更
後の生存保険金額を $S$ とするとき，$m \leq T < m + 1$ (年) を満たす整数
$m$ および $S$ の値を求めよ．

ここで，加入後経過 $t$ 年の解約返戻金 $_tW = {}_tV - 0.03 \cdot \dfrac{10 - t}{10}$, $(t \leq$
$10, {}_tV$ は加入後経過 $t$ 年の平準純保険料式責任準備金) を満たすものと
し，延長保険変更後の予定維持費は毎年度始に死亡保険金額の3‰，生
存保険金額の3‰を徴収するものとする．

なお，延長保険の満期年齢が65歳をこえる場合は65歳を満期として生
存保険金額を計算するものとする．必要であれば (付表) に記載された
数値を用いよ．

(付表) 計算基礎表

| $x$ | $D_x$ | $N_x$ | $M_x$ | $x$ | $D_x$ | $N_x$ | $M_x$ |
|---|---|---|---|---|---|---|---|
| 50 | 57,878 | 1,524,578 | 42,783 | 58 | 51,319 | 1,084,041 | 40,586 |
| 51 | 57,096 | 1,466,700 | 42,574 | 59 | 50,446 | 1,032,722 | 40,221 |
| 52 | 56,304 | 1,409,604 | 42,347 | 60 | 49,560 | 982,276 | 39,835 |
| 53 | 55,501 | 1,353,301 | 42,102 | 61 | 48,660 | 932,715 | 39,425 |
| 54 | 54,688 | 1,297,800 | 41,838 | 62 | 47,744 | 884,055 | 38,991 |
| 55 | 53,863 | 1,243,112 | 41,555 | 63 | 46,807 | 836,311 | 38,527 |
| 56 | 53,028 | 1,189,249 | 41,253 | 64 | 45,847 | 789,504 | 38,030 |
| 57 | 52,180 | 1,136,221 | 40,930 | 65 | 44,858 | 743,657 | 37,495 |

■ **sairin's check**

- 延長保険の場合，生存保険金額が存在する問題の方が，計算が楽．
- というのも，延長期間を計算するための，いわゆるループ計算が不要
  となるためである．

**184**　第9章　責任準備金

## 【解答】

$_1W$ は,

$$_1W = A^1_{51:\overline{14}|} + 0.003\ddot{a}_{51:\overline{14}|} + S(A^{\;\;\;1}_{51:\overline{14}|} + 0.003\ddot{a}_{51:\overline{14}|})$$

$0 < S$ が存在するためには, $_1W > A^1_{51:\overline{14}|} + 0.003\ddot{a}_{51:\overline{14}|}$ であることが必要なので,

$$_1W = A_{51} - P\ddot{a}_{51:\overline{14}|} - 0.03 \times \frac{9}{10} \approx 0.02488$$

$A^{\;\;\;1}_{51:\overline{14}|} = \dfrac{M_{51} - M_{65}}{D_{51}} \approx 0.088955$ より,

$$A^1_{51:\overline{14}|} + 0.003\ddot{a}_{51:\overline{14}|} \approx 0.126946$$

よって, $S$ は存在せず, $T < 15$ である. $_1W \geq A^1_{51:\overline{T}|} + 0.003\ddot{a}_{51:\overline{T}|}$ を満たす最大の $T$ を求める.

$T = 4$ とすると,

$$A^1_{51:\overline{4}|} + 0.003\ddot{a}_{51:\overline{4}|} \approx 0.029595$$

$T = 3$ とすると,

$$A^1_{51:\overline{3}|} + 0.003\ddot{a}_{51:\overline{3}|} \approx 0.02176$$

よって, $m = 3, S = 0$　（答）

## 【補足】

試験本番では, 真面目に $T = 1, 2, 3, \ldots$ とやっていくのではなく, 見当をつける. 今回は1年で解約なので, 1年分の保険料のみで残14年の半分の7年も賄えないと考えて, $T = 5$ か $T = 6$ あたりから考えるとよい（なお, 見当のつけ方はこれだけに限らない）.

9.3 解約その他諸変更に伴う計算 **185**

**問題 9.17（保険料振替貸付）** 30 歳加入，保険料年払 30 年払込，保険金
年度末支払，保険金額 1 の終身保険において，27 年経過時点より前は保
険料は正常に払い込まれていたが，27 年経過時点で保険料が払い込ま
れなくなったので，第 28 回目の保険料から自動的に保険料振替が行わ
れた．保険料振替は 1 回のみ行われ，2 回目 (第 29 回目の保険料分) は
不可能であった．このときの貸付金に対する利率の範囲を求めよ．

ただし，貸付金については 1 年単位で利息が元金に繰り入れられるもの
とし，保険料振替貸付に対する利率と契約貸付に対する利率は同じと
する．

また，純保険料は 0.0204，営業保険料は 0.0250，27 年経過時点の契約
貸付による貸付金は 0.61 とし，$t$ 年経過後の解約返戻金 $_tW$ は次のとお
りとする．

|        | $t=27$ | $t=28$ | $t=29$ |
|--------|--------|--------|--------|
| $_tW$  | 0.6379 | 0.6659 | 0.6945 |

**■ sairin's check**

- 契約者貸付が可能な判定条件は，1 年後の貸付元利合計と 1 年後の解
  約返戻金の大小関係をみればよい．
- というのも，貸付時点ですぐに返済するのであれば，最初から貸付を
  受ける必要がないためである．

**【解答】**

保険料振替貸付の条件より，

$$(_{27}L + P^*)(1 + i') \le {}_{28}W \qquad \cdots\cdots(1)$$

$$(_{28}L + P^*)(1 + i') > {}_{29}W \qquad \cdots\cdots(2)$$

したがって，

**186** 第9章 責任準備金

$$(1) \iff i' \leq \frac{_{28}W}{_{27}L + P^*} - 1 \approx 0.048661$$

次に，27年経過時点，28年経過時点の貸付金の関係を考えると，

$$(_{27}L + P^*)(1 + i') = {}_{28}L$$

これと (2) より，

$$(_{27}L + P^*)(1 + i')^2 + P^*(1 + i') > {}_{29}W$$

$$\iff \quad 1 + i' > \frac{-P^* + \sqrt{P^{*2} + 4(_{27}L + P^*)_{29}W}}{2(_{27}L + P^*)} \approx 1.026302$$

$$\iff \quad i' > 0.026302$$

まとめると，$0.026302 < i' \leq 0.048661$ （答）


【補足】

27年経過時点まで保険料は正常に払い込まれていたが，以前に契約貸付を受けていたことがあり，そのときの貸付金があるという問題設定である．

## Tea Time　アク研初期メンバーの合格体験記
### 〜正会員になって〜

　2010年3月27日，アクチュアリー受験研究会（以下，「アク研」）が誕生してちょうど1年が経ったころ，それまでweb上での交流だけだったアク研についに転機が訪れました．代表のMAHさんの呼びかけで，記念すべき第1回目のリアルな勉強会が開かれたのです．

　初期メンバーは私を含め確か6人前後だったと記憶しています．ここ数年，2月に開催している「キックオフミーティング」には100名に迫る人数が参加していますので，当時はまさかこんなに大きな会になるとは誰も予想していなかったはずです．

　このアク研で切磋琢磨してきたおかげで，運よく私は正会員となることができましたが，これまでの道のりは決して平たんなものではありませんでした．特に最初の数年は一次試験の「数学」に苦しめられ，MAHさんと苦汁をなめる期間が続きました．しかし試行錯誤を繰り返していくうちに理解が進んでいき，また仲間がどんどん増えていき，いまやアク研の目玉の一つとなっている「過去問ワークブック」などが次第にできあがってきたのです．

　思い返すと，いままで諦めずにモチベーションを保ってやってこられたのはアク研の仲間のおかげだと感じます．毎月の勉強会はよいペースメーカーになりますし，アク研OB，OGを含む正会員やCERAの先輩方も参加してくれているため，アクチュアリーの仕事内容はもちろん，自分自身のアクチュアリーとしてのキャリア形成を考える上でとてもよい機会になります．

　これまでも，これからも，アク研はみなさんの合格のためにあります．一歩を踏み出そうとしているみなさんをいつでもお待ちしています．勉強会に出席したり，道具箱の資料を使ったり，掲示板で質問をしたり，どんどん上手に活用してください．アク研はみんなで育てていく

ものです.

　アクチュアリーは会社の垣根を越えて活躍していける職業だと思います．この本を読んでいるみなさんが生保数理に合格され，近い将来一緒に仕事ができることを楽しみにしています.

アクチュアリー受験研究会 namachu_

# ■第 10 章

連生・就業不能など

190　第 10 章　連生・就業不能など

## 10.1　連合生命に関する生命保険および年金

問題 10.1（連生生命確率 (1)）　$_\infty q_{xy\overset{1}{z}} = 0.2, _\infty q_{x\overset{1}{y}z} = 0.3, _\infty q_{y\overset{1}{z}} = 0.5$
のとき，$_\infty q_{x\overset{2}{y}z}$ の値を求めよ．

■ **sairin's check**

- 条件付連生保険の場合，記号の右下にある「数字」の上下関係に注意．
  [教科書]（下巻）p.96 をよく見れば，「下にある数字は観察期間の外で
  もよい」ことを表す．
- もっとも，積分区間が 0 から始まる場合には，観察期間の内外の区別
  は不要であるが．

【解答】

$y$ の死亡に着目して式を立てると，

$$_\infty q_{x\overset{2}{y}z} = \int_0^\infty {_t q_x} \cdot {_t p_{yz}} \mu_{y+t} dt$$

$_t q_x = 1 - {_t p_x}$ より，

$$_\infty q_{x\overset{2}{y}z} = \int_0^\infty {_t p_{yz}} \mu_{y+t} dt - \int_0^\infty {_t p_{xyz}} \mu_{y+t} dt$$

$$= {_\infty q_{\overset{1}{y}z}} - {_\infty q_{x\overset{1}{y}z}}$$

$_\infty q_{\overset{1}{y}z} = 1 - {_\infty q_{y\overset{1}{z}}}$ より，

$$_\infty q_{x\overset{2}{y}z} = 1 - {_\infty q_{y\overset{1}{z}}} - {_\infty q_{x\overset{1}{y}z}} = 0.2 \quad （答）$$

【補足】

登場人物が 3 人以上出てくる場合，2 番目の死亡に着目するのが定石．

10.1 連合生命に関する生命保険および年金 **191**

問題 **10.2**(連生生命確率 (2)) 40 歳の被保険者が 60 歳の被保険者より
先に死亡する確率は 0.13,40 歳の被保険者が 10 年以内に死亡する確率
は 0.02,50 歳の被保険者が 10 年以内に死亡する確率は 0.04 である.
このとき,40 歳の被保険者と 50 歳の被保険者が相互に 10 年以内の期
間を隔てて死亡する確率 (ある一方が死亡した後,もう一方が 10 年以内
に死亡する確率) を求めよ.ここで,全ての被保険者は同一の生命表に
従うとする.

■ **sairin's check**

• [教科書](下巻) p.102 問題 (10) の類題.

**【解答】**

求める確率を $p$ とすると,(40) と (50) それぞれが最初に死亡する場合を
考えて,

$$p = \int_0^\infty {}_tp_{40} \cdot \mu_{40+t}({}_tp_{50} - {}_{t+10}p_{50})dt$$
$$+ \int_0^\infty {}_tp_{50} \cdot \mu_{50+t}({}_tp_{40} - {}_{t+10}p_{40})dt$$
$$= \int_0^\infty ({}_tp_{40,50} \cdot \mu_{40+t} - {}_{10}p_{50} \cdot {}_tp_{40,60} \cdot \mu_{40+t}$$
$$+ {}_tp_{40,50} \cdot \mu_{50+t} - {}_{10}p_{40} \cdot {}_tp_{50} \cdot {}_tp_{50} \cdot \mu_{50+t})dt$$
$$= {}_\infty q^1_{40,50} - {}_{10}p_{50} \cdot {}_\infty q^1_{40,60} + {}_\infty q^1_{40,50} - {}_{10}p_{40} \cdot {}_\infty q^1_{50,50}$$

ここで,

$$\begin{aligned} {}_\infty q^1_{40,50} + {}_\infty q^1_{40,50} &= 1 \\ {}_\infty q^1_{50,50} &= \frac{1}{2} \end{aligned}$$

**192** 第 10 章 連生・就業不能など

より，$p = 0.3852$　　（答）

【補足】

「10 年以内に $x$ が死亡」$\iff$「${}_tp_x - {}_{t+10}p_x$」の表現はおさえる．

【別解・2 重積分を考える方法】

(40) の死亡時点を $t$，(50) の死亡時点を $s$ としたとき，問題の条件から，

$$t \geq 0, s \geq 0, |s - t| \leq 10$$

であり，$s$-$t$ 平面で上の条件をすべて満たす領域を図示し，これを $D$ とするとき，求める確率は 2 重積分 $\iint_D {}_tp_{40}\mu_{40+t} \cdot {}_sp_{50}\mu_{50+s}dtds$ で表される．

領域 $D$ を，$0 \leq t \leq 10, 10 \leq t$ の範囲に分けて考えると，

$$\int_0^{10} dt \int_0^{t+10} ds \cdot {}_tp_{40} \cdot \mu_{40+t} \cdot {}_sp_{50} \cdot \mu_{50+s}$$
$$+ \int_{10}^{\infty} dt \int_{t-10}^{t+10} ds \cdot {}_tp_{40} \cdot \mu_{40+t} \cdot {}_sp_{50} \cdot \mu_{50+s}$$
$$= \int_0^{10} {}_tp_{40} \cdot \mu_{40+t} \cdot (1 - {}_{t+10}p_{50})dt$$
$$+ \int_{10}^{\infty} {}_tp_{40} \cdot \mu_{40+t} \cdot ({}_{t-10}p_{50} - {}_{t+10}p_{50})dt$$
$$= \int_0^{10} {}_tp_{40} \cdot \mu_{40+t}dt - \int_0^{10} {}_tp_{40} \cdot \mu_{40+t} \cdot {}_{t+10}p_{50}dt$$
$$+ \int_{10}^{\infty} {}_tp_{40} \cdot \mu_{40+t} \cdot {}_{t-10}p_{50}dt - \int_{10}^{\infty} {}_tp_{40} \cdot \mu_{40+t} \cdot {}_{t+10}p_{50}dt$$
$$= \int_0^{10} {}_tp_{40} \cdot \mu_{40+t}dt + \int_{10}^{\infty} {}_tp_{40} \cdot \mu_{40+t} \cdot {}_{t-10}p_{50}dt$$
$$- \int_0^{\infty} {}_tp_{40} \cdot \mu_{40+t} \cdot {}_{t+10}p_{50}dt$$

第 2 項の積分を $u = t - 10$ として変数変換すると，

$$= \int_0^{10} {}_tp_{40} \cdot \mu_{40+t}dt + \int_0^{\infty} {}_{10}p_{40} \cdot {}_up_{50} \cdot \mu_{50+u} \cdot {}_up_{50} \ du$$

$$-\int_0^\infty {}_tp_{40} \cdot \mu_{40+t} \cdot {}_{10}p_{60} dt$$
$$= {}_{10}q_{40} + {}_{10}p_{40} \cdot {}_\infty q^1_{50,50} - {}_{10}p_{50} \cdot {}_\infty q^1_{40,60}$$

ちなみに，$D$ を図示すると下記のとおり．

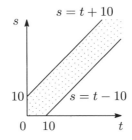

194    第10章　連生・就業不能など

---

問題 **10.3**（死力と連生生命確率）　死力 $\mu_x = \dfrac{1}{100-x}$ $(0 \leq x < 100)$ のとき，$_{20}q_{40,\underset{}{50}}^{\;\;2}$ の値を求めよ.

■ **sairin's check**

- 2番目の死亡が起きたとき，すでに，1番目の死亡が起きていることを，どのように算式で表すかがポイント.
- なお，生存確率に死力を乗じれば「即死」となるため，条件付連生保険で数字が上にある被保険者と死力が1対1に対応する.

【解答】

(50) の死亡に着目して式を立てると，

$$_{20}q_{40,\underset{}{50}}^{\;\;2} = \int_0^{20} {}_tq_{40} \cdot {}_tp_{50} \cdot \mu_{50+t}dt$$

ここで，

$$
\begin{aligned}
{}_tp_x &= \exp\left(-\int_0^t \mu_{x+s}ds\right) \\
&= \exp\left(-\int_0^t \frac{1}{100-x-s}ds\right) \\
&= 1 - \frac{t}{100-x} \\
{}_tq_x &= \frac{t}{100-x}
\end{aligned}
$$

より，

$$
\begin{aligned}
{}_{20}q_{40,\underset{}{50}}^{\;\;2} &= \int_0^{20} \frac{t}{60} \cdot \frac{50-t}{50} \cdot \frac{1}{50-t}dt \\
&= \frac{1}{15} \quad (\text{答})
\end{aligned}
$$

## 10.1 連合生命に関する生命保険および年金　**195**

【補足】

(40) の死亡に着目して式を立てると，

$$
\begin{aligned}
{}_{20}q_{40,\overset{2}{50}} &= \int_0^{20} {}_tp_{40} \cdot \mu_{40+t} \cdot {}_tp_{50} \cdot {}_{20-t}q_{50+t}\,dt \\
&= \int_0^{20} \frac{60-t}{60} \cdot \frac{1}{60-t} \cdot \frac{50-t}{50} \cdot \frac{20-t}{50-t}\,dt \\
&= \frac{1}{15}
\end{aligned}
$$

あるいは，

$$
\begin{aligned}
{}_{20}q_{40,\overset{2}{50}} &= {}_{20}q_{\overset{1}{40},50} - {}_{20}q_{40} \cdot {}_{20}p_{50} \\
&= \int_0^{20} \frac{60-t}{60} \cdot \frac{1}{60-t} \cdot \frac{50-t}{50}\,dt - \frac{20}{60} \cdot \frac{30}{50} \\
&= \frac{1}{15}
\end{aligned}
$$

と計算できることなど，様々な解法に習熟しておくとよい．

196　第 10 章　連生・就業不能など

---

問題 10.4 (連生平均余命)　$l_x = l_0 \left(1 - \dfrac{x}{120}\right)$ $(0 \leq x \leq 120)$ のとき，$\mathring{e}_{\overline{xx}}$ を求めよ.

■ **sairin's check**
- 完全平均余命を表す公式は 2 つあることに注意.
- 実際，p.61 の公式 (5.62) である.
- なお，略算平均余命に慣れ親しんだ者は後半の式の方が馴染みやすいと考えられるが，平均余命本来の定義，つまり，死亡時点までの生存年数の平均という観点からは，前半の式の方がその意味をより直接的に表している.

【解答】
$\mathring{e}_{\overline{xx}}$ は，

$$\mathring{e}_{\overline{xx}} = 2\mathring{e}_x - \mathring{e}_{xx}$$

$\mathring{e}_x, \mathring{e}_{xx}$ を求める.

$$_tp_x = \frac{l_{x+t}}{l_x} = \frac{l_0 \left(1 - \frac{x+t}{120}\right)}{l_0 \left(1 - \frac{x}{120}\right)} = 1 - \frac{t}{120 - x}$$

$$p_{xx} = \left(_tp_x\right)^2 = \left(1 - \frac{t}{120 - x}\right)^2$$

$$\mathring{e}_x = \int_0^{120-x} {}_tp_x dt = \frac{1}{2}(120 - x)$$

$$\mathring{e}_{xx} = \int_0^{120-x} {}_tp_{xx} dt = \frac{1}{3}(120 - x)$$

以上より，

$$\mathring{e}_{\overline{xx}} = 120 - x - \frac{1}{3}(120 - x) = \frac{2}{3}(120 - x) \quad (答)$$

10.1 連合生命に関する生命保険および年金 **197**

---

問題 **10.5（連生ゴムパーツ）**　死亡表がゴムパーツの法則に従うとき，すなわち $\mu_y = Bc^y$（$B, c$ は定数）のとき，条件付生命確率 $_\infty q_{x\overset{1}{y}z}$ を $c^x, c^y, c^z$ を用いて表わせ．

■ **sairin's check**

● 「掛けて割る」テクニックは，条件付連生保険における「ゴムパーツ・メーカム法則」の常套手段．

**【解答】**

$y$ の死亡に着目して式を立てると，

$$_\infty q_{x\overset{1}{y}z} = \int_0^\infty {}_tp_{xyz} \cdot \mu_{y+t} dt$$

$\mu_{y+t} = Bc^y c^t$ より，

$$\begin{aligned}
&= \frac{c^y}{c^x + c^y + c^z} \int_0^\infty {}_tp_{xyz} \cdot Bc^t(c^x + c^y + c^z) dt \\
&= \frac{c^y}{c^x + c^y + c^z} \int_0^\infty {}_tp_{xyz} \cdot \mu_{x+t,y+t,z+t} dt \\
&= \frac{c^y}{c^x + c^y + c^z} {}_\infty q_{xyz} \\
&= \frac{c^y}{c^x + c^y + c^z} \quad （答）
\end{aligned}$$

**【補足】**

順序を問わなければ，全員いつかは死亡するので $_\infty q_{xyz} = 1$．

**198**　第 10 章　連生・就業不能など

---

問題 10.6（連生年金現価）　年齢・性別などが同じ 4 人の被保険者 $(x), (x),$ $(x), (x)$ について，期始払年金を支払う．　生存者が 4 人のときは各人に年金年額 1，また，3 人のときは各人に年金年額 $\dfrac{1}{3}$，さらに，2 人のときは各人に年金年額 $\dfrac{1}{4}$，最後に，1 人のときは年金年額 $\dfrac{1}{5}$ を支払う．この年金の現価を求めよ．

---

■ **sairin's check**

● 残存者数に応じて支払額が変わる連生生命年金現価の問題では，被保険者数で区分した生命年金現価の和の形で表して，与えられた条件から，各係数を求めればよい．

**【解答】**

4 人の $x$ を $x, y, z, w$ と区別すると，求める年金現価 $A$ は，

$$A = \alpha(\ddot{a}_x + \ddot{a}_y + \ddot{a}_z + \ddot{a}_w) + \beta(\ddot{a}_{xy} + \ddot{a}_{xz} + \ddot{a}_{xw} + \ddot{a}_{yz} + \ddot{a}_{yw} + \ddot{a}_{zw})$$
$$+ \gamma(\ddot{a}_{xyz} + \ddot{a}_{xyw} + \ddot{a}_{xzw} + \ddot{a}_{yzw}) + \delta\ddot{a}_{xyzw}$$

と表せる．

4 人が生存していた場合，給付額は $4 \cdot 1 = 4$ なので，

$$4 = 4\alpha + 6\beta + 4\gamma + \delta$$

3 人が生存していた場合，給付額は $3 \cdot \dfrac{1}{3} = 1$ なので，

$$1 = 3\alpha + 3\beta + \gamma$$

2 人が生存していた場合，給付額は $2 \cdot \dfrac{1}{4} = 0.5$ なので，

$$0.5 = 2\alpha + \beta$$

1 人が生存していた場合，給付額は $1 \cdot \dfrac{1}{5} = 0.2$ なので，

$$0.2 = \alpha$$

10.1 連合生命に関する生命保険および年金 **199**

これらを連立して解くと，$\alpha = 0.2, \beta = 0.1, \gamma = 0.1, \delta = 2.2$ となる．すべて $x$ に戻すと，

$$A = 0.8\ddot{a}_x + 0.6\ddot{a}_{xx} + 0.4\ddot{a}_{xxx} + 2.2\ddot{a}_{xxxx} \quad （答）$$

**200** 第10章 連生・就業不能など

---

問題 **10.7**（連生保険） $(x)$ が $(y)$ に先立って死亡すればそれぞれの死亡時の年度末に保険金 0.5 ずつ支払い，$(y)$ が $(x)$ に先立って死亡すれば $(x)$ の死亡時の年度末に保険金 1 を支払う保険の一時払純保険料を表わすものとして，次の (A) から (E) が与えられているという．

(A) $A_{xy}^2 + 0.5(A_{xy}^1 + A_{xy}^2)$     (B) $A_{xy}^1 + 0.5(A_{xy}^1 + A_{xy}^2)$

(C) $A_{xy} + 0.5(A_{xy}^1 + A_{xy}^2)$     (D) $A_x + 0.5(A_y - A_{xy})$

(E) $A_{xy} + 0.5(A_x + A_y)$

このうち正しいものをすべて選べ．

---

■ **sairin's check**

- $(x)$ が $(y)$ に先立って死亡した場合，死亡保険金が 2 回支払われる点に注意．単生命の定期保険と異なり，連生の定期保険では，死亡保険金の支払い時期が 1 回とは限らない点が特徴．

**【解答】**

各時点の給付額を表にまとめると，

| | $x$死亡 $\to y$死亡 | $y$死亡 $\to x$死亡 |
|---|---|---|
| $A_{xy}^1$ | $1 \to 0$ | $0 \to 0$ |
| $A_{xy}^2$ | $0 \to 0$ | $0 \to 1$ |
| $A_{xy}^1$ | $0 \to 0$ | $1 \to 0$ |
| $A_{xy}^2$ | $0 \to 1$ | $0 \to 0$ |
| $A_{xy}$ | $1 \to 0$ | $1 \to 0$ |
| $A_x$ | $1 \to 0$ | $0 \to 1$ |
| $A_y$ | $0 \to 1$ | $1 \to 0$ |
| 題意 | $0.5 \to 0.5$ | $0 \to 1$ |
| (A) | $0.5 \to 0.5$ | $0 \to 1$ |
| (B) | $0.5 \to 0.5$ | $1 \to 0$ |
| (C) | $1.5 \to 0.5$ | $1 \to 0$ |
| (D) | $0.5 \to 0.5$ | $0 \to 1$ |
| (E) | $1.5 \to 0.5$ | $1.5 \to 0.5$ |

10.1 連合生命に関する生命保険および年金 **201**

このうち題意と同じ給付額となっているのは，

(A) と (D) （答）

【補足】

条件付連生保険では，同じ死亡順序でも給付発生のタイミングが違えば意味が異なる点に注意が必要となる．

例えば，$A^2_{xy}$ と $A_{x\overset{1}{y}}$ はいずれも $(y),(x)$ の順に死亡が起こることを表しているが，前者は $x$ が死亡したタイミング，後者は $y$ が死亡したタイミングに給付が発生することを表している．この問題では，いつ・いくら支払われるかを整理することがポイントであり，それがわかれば選択肢ごとに給付額の足し引きをすれば求められる．

解答の冒頭で各時点の給付額を表にまとめた数学的な意味合いは以下のとおり．

例えば，$A_{\overset{1}{x}y}$ の給付条件（ペイオフ）を，4次元ベクトル $(1,0,0,0)$ と同一視するものとして，$A^2_{\overset{}{x}y}$ から $A_y$ についても同様に考えたうえで，題意の給付条件（ペイオフ）をベクトル $(0.5,0.5,1)$ で表すものとして，これを，$A_{\overset{1}{x}y}$ から $A_y$ の表すベクトルのうち必要なものを用いて線形結合で表すという線形代数の問題と考えればよい．

本問では，ベクトルの演算

$$(1,0,0,1) + 0.5 \cdot (0,1,1,0) - 0.5 \cdot (1,0,1,0) = (0.5,0.5,0,1)$$

から，(D) の選択肢が正しいことが示される．また，例えば，ベクトルの演算

$$(1,0,0,0) + (0,0,1,0) = (1,0,1,0)$$

から，$A_{\overset{1}{x}y} + A_{x\overset{1}{y}} = A_{xy}$ の関係が正しいことが確かめられる．

**202** 第10章 連生・就業不能など

---

**問題10.8（連生営業保険料）** 子供10歳，親40歳加入，保険料年払全期
払込，保険期間20年で，次の(1)から(2)の給付を行う親子連生保険の
平準年払営業保険料の値を求めよ．

(1) 保険開始20年後から，あるいはそれ以前に親が死亡した場合は，
それ以降の保険料の払込を免除し，その次の契約応当日から子供に
年額1の終身年金を支払う．

(2) 親の生存中に子供が死亡した場合には，その年度末に既払込営業保
険料を受け取って保険契約が消滅する．

予定事業費は以下のとおりとする．

年金開始前： 保険料払込のつど，営業保険料1に対し0.2

年金開始後： 毎年始に年金額1に対し0.02

| $\ddot{a}_{10} = 42.30$ | $\ddot{a}_{10:\overline{20|}} = 17.30$ | $\ddot{a}_{10,40:\overline{20|}} = 16.80$ | $A_{10,40:\overline{20|}}^{1} = 0.01$ |
|---|---|---|---|
| $\ddot{a}_{40} = 29.10$ | $\ddot{a}_{40:\overline{20|}} = 17.00$ | $\ddot{a}_{\overline{10,40}:\overline{20|}} = 17.60$ | $(IA)_{10,40:\overline{20|}}^{1} = 0.17$ |

---

■ **sairin's check**

● 保険料払込免除付の保険で悩ましいのは，死亡時に返還する「既払込
保険料」に免除された保険料を含むかどうかである．

● 通常，問題文でどうするかを指示されるのだが，もし，その指示がな
ければ出題ミスとして「全員得点」となる可能性もあるため，後回し
にするのも1つの対策であろう．

● なお，[教科書]（下巻）p.117問題(5)(6)は見た目が非常に似ている
が，上記の免除保険料の取扱いが異なるため，解答内容が全く異なる
ものになっている．

## 10.1 連合生命に関する生命保険および年金　203

### 【解答】

- 保険料と年金開始前の予定維持費は親・子共存中のみ発生
- 既払保険料の返還（利息を付けない場合）は累加定期保険で表せる（公式 (5.172)，問題 8.25 参照）
- 年金の支払いは (10) の終身年金から，払われない条件「(10), (40) が生存かつ 20 年未満」の年金を控除

という点に注意して収支相等式を立てると，

$$P^* \ddot{a}_{10,40:\overline{20|}} = P^*(IA)^1_{10,40:\overline{20|}} + 1.02(\ddot{a}_{10} - \ddot{a}_{10,40:\overline{20|}}) + 0.2P^*\ddot{a}_{10,40:\overline{20|}}$$

したがって，

$$P^* = \frac{1.02(\ddot{a}_{10} - \ddot{a}_{10,40:\overline{20|}})}{0.8\ddot{a}_{10,40:\overline{20|}} - (IA)^1_{10,40:\overline{20|}}}$$

$$\approx 1.960060 \quad （答）$$

**問題10.9（連生責任準備金）** 次の給付を行う保険料全期払込の親子連生保険（保険金年度末払）の年払平準純保険料および純保険料式責任準備金を求めよ．なお，契約年齢は子供 $x$ 歳，親 $y$ 歳とし，保険期間は $n$ 年とする．

1. 満期までの生存の場合
   (a) 子供・親とも生存したときは保険金 $S$ を支払う．
   (b) 子供のみ生存したときは保険金 $2S$ を支払う．
2. 満期までの死亡の場合
   (a) 子供が第 $t$ 保険年度に死亡したときは死亡給付金 $\dfrac{t}{n}S$ を支払い，保険契約は消滅する．
   (b) 親が死亡したときは以後の保険料の払込を免除するとともに，以後子供が生存する限り契約応当日ごとに $0.2S$ を満期の1年前まで支払う．

■ sairin's check
- 死亡時に利息を付利せずに「既払込保険料」を返還する保険では，将来法の責任準備金を考えた場合，計算時点までに獲得した「長方形の死亡保障」と，将来獲得するであろう「三角形」の死亡保障を合計した「台形」の死亡保障を考えなければならない．
- しかし，生保数理では「台形」を表す記号はないため，しかたなく，「長方形」と「三角形」の記号を組み合わせて「台形」を表している．

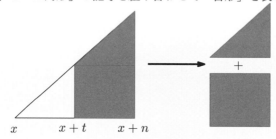

## 10.1 連合生命に関する生命保険および年金　205

**【解答】**

　子供の $t$ 年度の死亡に対し，給付金 $t$ を支払う保険は $(IA)^1_{x:\overline{n}|}$ と表せるので，収支相等式を立てると，

$$\bar{P}\ddot{a}_{xy:\overline{n}|} = \frac{S}{n}(IA)^1_{x:\overline{n}|} + 0.2S(\ddot{a}_{x:\overline{n}|} - \ddot{a}_{xy:\overline{n}|})$$
$$+ S(2A^{\ 1}_{x:\overline{n}|} - A^{\ 1}_{xy:\overline{n}|})$$
$$\Longleftrightarrow \quad \bar{P} = \frac{\frac{1}{n}(IA)^1_{x:\overline{n}|} + 0.2a_{y|x:\overline{n-1}|} + 2A^{\ 1}_{x:\overline{n}|} - A^{\ 1}_{xy:\overline{n}|}}{\ddot{a}_{xy:\overline{n}|}}S \quad \text{(答)}$$

(1) 第 $t$ 年度に親が死亡していた場合

1. (b) 子供のみ満期まで生存した場合の生存保険 $2S$

2. (a) 子供が死亡した場合の死亡給付金 $\dfrac{t}{n}S$

2. (b) 親死亡後に子供が生存している限り支払われる遺族年金

以上，3 種類の給付が考えられるので，

$$_tV = \frac{S}{n}\{(IA)^1_{x+t:\overline{n-t}|} + tA^1_{x+t:\overline{n-t}|}\} + 0.2S\ddot{a}_{x+t:\overline{n-t}|} + 2SA^{\ 1}_{x+t:\overline{n-t}|} \quad \text{(答)}$$

(2) 第 $t$ 年度に親が生存していた場合

1. (a) 子供・親とも満期まで生存した場合の生存保険 $S$

1. (b) 子供のみ満期まで生存した場合の生存保険 $2S$

2. (a) 子供が死亡した場合の死亡給付金 $\dfrac{t}{n}S$

2. (b) 親死亡後に子供が生存している限り支払われる遺族年金

以上，4 種類の給付が考えられ，また共存である限り保険料が支払われるので，(1) と区別するために純保険料式責任準備金を $_t\widetilde{V}$ と表すと，

$$_t\widetilde{V} = \frac{S}{n}\{(IA)^1_{x+t:\overline{n-t}|} + tA^1_{x+t:\overline{n-t}|}\} + 0.2Sa_{y+t|x+t:\overline{n-t-1}|}$$
$$+ S(2A^{\ 1}_{x+t:\overline{n-t}|} - A^{\ 1}_{x+t,y+t:\overline{n-t}|}) - \bar{P}\ddot{a}_{x+t,y+t:\overline{n-t}|} \quad \text{(答)}$$

**206** 第 10 章 連生・就業不能など

## 10.2 脱退残存表

---

**問題 10.10（絶対脱退率）** 死亡解約脱退残存表における $x$ 歳の残存者数
が $l_x = A - 1000 \cdot x \ \left(0 \leq x \leq \dfrac{A}{1000}\right)$ で表され，かつ各年齢における
解約率 $q_x^w$ が死亡率 $q_x$ の 3 倍という関係にあるとすると，$x$ 歳における
絶対死亡率は $q_x^* = 1 - \dfrac{l_x - k_1}{l_x - k_2}$ と表される．
このとき $k_1, k_2$ を求めよ．なお，死亡および解約はそれぞれ独立に発生
し，1 年を通じて一様に発生するものとする．

---

■ **sairin's check**
- この手の問題では，$q_x^* = 1 - \dfrac{l_x - k_1}{l_x - k_2}$ の形に変形すれば，必ず，
  $k_1 + k_2 = l_x - l_{x+1}$ となる．逆に，この性質を利用すれば，選択肢を
  絞りこめる可能性がある．
- 実際，平成 25 年度問題 1(3) は，この性質を知っていれば計算せずに
  正解にたどり着く．

**【解答】**
絶対死亡率と死亡率の関係を式で表すと，

$$q_x = q_x^* - \frac{1}{2}q_x^* q_x^{w*} = q_x^*\left(1 - \frac{1}{2}q_x^{w*}\right)$$

よって，$q_x^* \approx \dfrac{q_x}{1 - \frac{1}{2}q_x^w} = \dfrac{d_x}{l_x - \frac{1}{2}w_x}$

$d_x, w_x$ を求める．

$$q_x^w = 3q_x \iff w_x = 3d_x \qquad \cdots\cdots(1)$$

$$d_x = l_x - l_{x+1} - w_x \qquad \cdots\cdots(2)$$

(1), (2) より，$d_x = 250, \quad w_x = 750$．以上より，

$$q_x^* = \frac{250}{l_x - 375} = 1 - \frac{l_x - 625}{l_x - 375}$$

$$k_1 = 625, k_2 = 375 \quad \text{（答）}$$

10.2 脱退残存表 **207**

問題 **10.11**(中央脱退率)

$$l_{x+1} = l_x - d_x^A - d_x^B$$

で表わされる2重脱退表($d_x^A$ は原因 $A$ による脱退者数,$d_x^B$ は原因 $B$ による脱退者数)で,中央脱退率が

$$m_x^A = 0.05, \ m_x^B = 0.2$$

で与えられているとき $q_x^A = \dfrac{d_x^A}{l_x}$ の値を求めよ.

■ **sairin's check**

- 絶対脱退率を用いて中央脱退率を表す場合,単生命における中央脱退率を思い出すとよい.実際,中央脱退率$= \dfrac{q_x}{1 - \frac{q_x}{2}}$ と表されるためである.

- $l_{x+t}$ を直線と仮定すれば,公式 (5.78)$q_x = \dfrac{2m_x}{2 + m_x}$ を用いることができる.

【解答】

脱退率と絶対脱退率の関係式より,

$$q_x^A = q_x^{A*}(1 - \frac{1}{2}q_x^{B*})$$

$q_x^{A*}, q_x^{B*}$ を求める.中央脱退率を用いると,

$$q_x^{A*} = \frac{2m_x^A}{2 + m_x^A} \approx 0.048780$$

$$q_x^{B*} = \frac{2m_x^B}{2 + m_x^B} \approx 0.181818$$

以上より,$q_x^A \approx 0.044345$    (答)

**208** 第 10 章　連生・就業不能など

---

問題 **10.12**（生存率）　ある集団が原因 $A$, $B$, $C$ によって減少していく 3
重脱退残存表を考える．ここで各脱退はそれぞれ独立に発生し，一年を
通じて一様に発生するものとする．

$$l_x = 8,000, \quad l_{x+1} = 6,000, \quad q_x^{A*} = 0.11, \quad q_x^{C*} = 0.07$$

のとき，$q_x^B$ の値を求めよ．

■ **sairin's check**

● 脱退率と絶対脱退率の違いは，「足し算」と「掛け算」といえる．

● 実際，3 重脱退表の場合，1 年後の残存率 $p_x^*$ について，脱退率は「足
し算：$p_x = 1 - q_x^A - q_x^B - q_x^C$」であり，絶対脱退率は「掛け算：
$p_x^* = (1 - q_x^{A*})(1 - q_x^{B*})(1 - q_x^{C*})$」．

**【解答】**

脱退率と絶対脱退率の関係式より，

$$q_x^B = q_x^{B*} \left\{ 1 - \frac{1}{2}(q_x^{A*} + q_x^{C*}) + \frac{1}{3} q_x^{A*} q_x^{C*} \right\}$$

$q_x^{B*}$ を求める．

$$p_x^* = (1 - q_x^{A*})(1 - q_x^{B*})(1 - q_x^{C*})$$

$$1 - q_x^{B*} = \frac{p_x^*}{(1 - q_x^{A*})(1 - q_x^{C*})}$$

ここで，

$$p_x^* = \frac{l_{x+1}}{l_x}$$

$$= 0.75$$

より，$q_x^{B*} \approx 0.093875$ なので，$q_x^B \approx 0.085667$　　（答）

## 10.2 脱退残存表　209

【補足】

$q_x^{A*}, q_x^{C*}$ が十分小さければ,

$$q_x^B \approx q_x^{B*} \left( 1 - \frac{1}{2} q_x^{A*} \right) \left( 1 - \frac{1}{2} q_x^{C*} \right)$$

と近似してもよい.

**210　第 10 章　連生・就業不能など**

---

問題 **10.13**（脱退力 **(1)**）　脱退原因が $A, B$ からなる 2 重脱退表において脱退力が $\mu_x^A = \dfrac{1}{80-x}$, $\mu_x^B = \dfrac{1}{120-x}$ のとき，40 歳の $A$ 脱退率 $q_{40}^A$ の値を求めよ．

---

■ **sairin's check**

- 多重脱退表における死力（脱退力，瞬間脱退率）には「線形性」がある．
- 本問は 2 重脱退表のため，$\mu_x^A + \mu_x^B$ は全体の死力 $\mu_x$ に等しい．

【解答】

脱退率を脱退力を用いて表すと，

$$q_{40}^A = \int_0^1 {}_t p_{40} \cdot \mu_{40+t}^A dt$$

${}_t p_{40}$ を求めると，

$$
\begin{aligned}
{}_t p_{40} &= \exp\left( -\int_0^t \left( \mu_{40+s}^A + \mu_{40+s}^B \right) ds \right) \\
&= \exp\left( -\int_0^t \left( \frac{1}{40-s} + \frac{1}{80-s} \right) ds \right) \\
&= \frac{40-t}{40} \cdot \frac{80-t}{80}
\end{aligned}
$$

以上より，

$$
\begin{aligned}
q_{40}^A &= \int_0^1 \frac{40-t}{40} \cdot \frac{80-t}{80} \cdot \frac{1}{40-t} dt \\
&\approx 0.024844 \quad （答）
\end{aligned}
$$

10.2 脱退残存表 **211**

問題 **10.14**（脱退力 (2)） ある集団が原因 $A, B$ によって減少していく 2 重脱退表を考える．$x$ 歳における，原因 $A$ による 脱退力を $\mu_x^A$，原因 $B$ による脱退力を $\mu_x^B$，全体の脱退力を $\mu_x$ とする．
$0 \leq t \leq 3$ において，

$$\mu_{x+t}^A = 0.3\mu_{x+t}, \mu_{x+t} = kt^2 \ (k \text{ は定数}), q_x^{A*} = 0.02$$

であるとき，$_3q_x^B$ の値を求めよ．必要であれば，$0.98^{10} = 0.8171$ を用いなさい．

■ **sairin's check**
- 公式 $q_x^{A*} = 1 - \exp\left(-\displaystyle\int_0^1 \mu_{x+t}^A dt\right)$ は [教科書] の本文には登場しないが，[教科書]（上巻）p.98 問題 (2) に登場（1 から公式 (7.76) の両辺を引いた式）．

【解答】
　脱退率を脱退力を用いて表すと，

$$_3q_x^B = \int_0^3 {}_tp_x \cdot \mu_{x+t}^B dt$$

$$= \int_0^3 {}_tp_x \cdot 0.7\mu_{x+t} dt$$

$$= 0.7q_x$$

$$= 0.7(1 - {}_3p_x)$$

$_3p_x$ を求めると，

$$_3p_x = \exp\left(-\int_0^3 \mu_{x+t} dt\right)$$

$$= \exp\left(-\int_0^3 kt^2 dt\right)$$

$$= e^{-9k}$$

ここで，絶対脱退率を脱退力を用いて表すと，

$$q_x^{A*} = 1 - \exp\left(-\int_0^1 \mu_{x+t}^A dt\right)$$

$$\iff \quad 0.98 = \exp\left(-0.3\int_0^1 kt^2 dt\right)$$

$$= e^{-0.1k}$$

これを用いると，

$$_3p_x = (e^{-0.1k})^{90} = (0.98)^{90} \approx 0.162359$$

以上より，$_3q_x^B \approx 0.586349$　　（答）

## 10.3 就業不能（または要介護）に対する諸給付

問題 **10.15**（死亡・就業不能脱退残存表 (1)）　以下の死亡・就業不能脱退残存表が与えられるとき，(A) から (G) までの値を求めよ．

| $x$ | $l_x^{aa}$ | $d_x^{aa}$ | $i_x$ | $l_x^{ii}$ | $d_x^{ii}$ | $l_x$ | $d_x$ |
|---|---|---|---|---|---|---|---|
| 45 | 96,330 | 276 | 77 | 756 | 13 | 97,086 | 289 |
| 46 | 95,977 | 308 | 85 | 820 | 15 | 96,797 | 323 |
| 47 | 95,584 | 344 | 94 | 890 | 17 | 96,474 | 361 |

(A) $q_{45}^{aa}$　(B) $q_{45}^{aa*}$　(C) $q_{45}^{(i)*}$　(D) $q_{45}^{ii}$　(E) $q_{45}^{i}$　(F) $q_{45}^{a}$　(G) $q_{45}^{ai}$

■ **sairin's check**

- 就業不能であっても，生保数理記号としての，$p$ および $q$ は単生命と同じ意味．すなわち，$p$ は「主集団に留まる」，$q$ は「主集団から脱退する」ということ．

- なお，単生命の場合，「主集団からの脱退」は「死亡」しかないため，結果的に $q$ が死亡率を表すことになる．

【解答】

定義に従って値を求めていく．

(A)　$q_{45}^{aa} = \dfrac{d_{45}^{aa}}{l_{45}^{aa}} \approx 0.002865$　（答）

(B)　$q_{45}^{aa*} = \dfrac{d_{45}^{aa}}{l_{45}^{aa} - \frac{1}{2}i_{45}} \approx 0.002866$　（答）

214    第 10 章　連生・就業不能など

(C)　$q_{45}^{(i)*} = \dfrac{i_{45}}{l_{45}^{aa} - \frac{1}{2}d_{45}^{aa}} \approx 0.000800$　　（答）

(D)　$q_{45}^{ii} = \dfrac{d_{45}^{ii}}{l_{45}^{ii}} \approx 0.017196$　　（答）

(E)　$q_{45}^{i} = \dfrac{d_{45}^{ii}}{l_{45}^{ii} + \frac{1}{2}i_{45}} \approx 0.016362$　　（答）

(F)　$q_{45}^{a} = \dfrac{d_{45} - l_{45}^{ii} \cdot q_{45}^{i}}{l_{45}^{aa}} \approx 0.002872$　　（答）

(G)　$q_{45}^{ai} = \dfrac{d_{45}^{ii} - l_{45}^{ii} \cdot q_{45}^{i}}{l_{45}^{aa}} \approx 0.000007$　　（答）

## 10.3 就業不能（または要介護）に対する諸給付　**215**

**問題 10.16（死亡・就業不能脱退残存表 (2)）**　死亡・就業不能脱退残存表
が以下のとおり与えられるとき，現在 52 歳の就業者が 2 年後までに就
業不能となり，2 年後から 3 年後の間で死亡する確率を求めよ．

ここで，死亡および就業不能はそれぞれ独立に発生し，1 年を通じて一
様に発生するものとする．また，就業不能者でない者は就業者である
ものとし，就業不能者が回復して就業者に復帰することはないものと
する．

| $x$ | $l_x^{aa}$ | $d_x^{aa}$ | $i_x$ | $l_x^{ii}$ | $d_x^{ii}$ |
|----|----|----|----|----|----|
| 52 | 92,828 | 578 | 170 | 1,378 | 34 |
| 53 | 92,080 | 634 | 193 | 1,514 | 40 |
| 54 | 91,253 | 692 | 219 | 1,667 | 47 |
| 55 | 90,342 | 752 | 249 | 1,839 | 55 |

### ■ sairin's check

- 就業不能では 2 つの表（死亡・就業不能脱退残存表，就業不能者生命
  表）が登場．このうち，後者の「就業不能者生命表」は生命表の一種
  であるため，単生命と同じ議論ができる．
- 例えば，$p^i + q^i = 1$ は単生命ではおなじみの式．
- 右上の添え字で $i$ が 1 つの場合が「生命表」であり，$i$ が 2 つあるのが
  「残存表」．

### 【解答】

求める値は，$_2p_{52}^{ai} \cdot q_{54}^i$ である．

$$q_{54}^i = \frac{d_{54}^{ii}}{l_{54}^{ii} + \frac{1}{2} i_{54}}$$

$$\approx 0.026457$$

**216** 第 10 章 連生・就業不能など

$_2p_{52}^{ai} = \dfrac{l_{54}^{ii} - l_{52}^{ii} \cdot {}_2p_{52}^{i}}{l_{52}^{aa}}$ を求めるために，${}_2p_{52}^{i}$ を求めると，

$$_2p_{52}^{i} = p_{52}^{i} \cdot p_{53}^{i}$$
$$= (1 - q_{52}^{i})(1 - q_{53}^{i})$$

ここで，

$$q_{52}^{i} = \frac{d_{52}^{ii}}{l_{52}^{ii} + \frac{1}{2}i_{52}}$$
$$\approx 0.023240$$

$$q_{53}^{i} = \frac{d_{53}^{ii}}{l_{53}^{ii} + \frac{1}{2}i_{53}}$$
$$\approx 0.024837$$

より，

$$_2p_{52}^{i} \approx 0.952500$$

したがって，

$$_2p_{52}^{ai} \approx 0.003818$$

以上より，${}_2p_{52}^{ai} \cdot q_{54}^{i} \approx 0.000101$　　（答）

10.3 就業不能（または要介護）に対する諸給付 **217**

---

問題 **10.17**（死亡・就業不能脱退残存表 (3)）　次の空欄 (1)〜(6) に当てはまる数値を求めよ．ただし，就業不能者が回復して就業者集団に復帰することはないとする．

| $x$ | $l_x^{aa}$ | $d_x^{aa}$ | $i_x$ | $l_x^{ii}$ | $d_x^{ii}$ | $q_x^{aa}$ | $q_x^i$ | $q_x^{(i)}$ | $l_x$ | $d_x$ |
|----|----|----|----|----|----|----|----|----|----|----|
| 50 | (1) | 20 | (2) | — | — | 0.002 | 0.10 | 0.01 | (3) | 30 |
| 51 | — | — | (4) | — | — | (5) | 0.11 | (6) | — | — |
| 52 | 9,000 | — | 180 | 200 | — | 0.003 | — | 0.02 | 9,200 | 50 |

■ **sairin's check**

● 就業不能保険で登場する「表の穴埋め」問題は，とにかく知っている公式を使って，埋められる部分を片っ端から埋めていくのが早い．

【解答】

(1)　$q_{50}^{aa} = \dfrac{d_{50}^{aa}}{l_{50}^{aa}} \quad \Longleftrightarrow \quad l_{50}^{aa} = \dfrac{d_{50}^{aa}}{q_{50}^{aa}} = 10{,}000$　（答）

(2)　$q_{50}^{(i)} = \dfrac{i_{50}}{l_{50}^{aa}} \quad \Longleftrightarrow \quad i_{50} = q_{50}^{(i)} \cdot l_{50}^{aa} = 100$　（答）

(3)　$l_{50} = l_{50}^{aa} + l_{50}^{ii}$ より，$l_{50}^{ii}$ を求めると，

$$q_{50}^i = \frac{d_{50}^{ii}}{l_{50}^{ii} + \frac{1}{2}i_{50}}$$

$$\Longleftrightarrow \quad l_{50}^{ii} = \frac{d_{50} - d_{50}^{aa}}{q_{50}^i} - \frac{1}{2}i_{50}$$

$$= 50$$

以上より，$l_{50} = 10{,}050$　（答）

**218**　第 10 章　連生・就業不能など

(4)　直接求められないので，$i_{51}$ を用いた式を作り，連立する．

$$l_{51}^{ii} = l_{50}^{ii} + i_{50} - d_{50}^{ii} = 140 \qquad \cdots\cdots(\mathrm{A})$$

$$q_{51}^i = \frac{d_{51}^{ii}}{l_{51}^{ii} + \frac{1}{2}i_{51}}$$

$$\Longleftrightarrow \quad d_{51}^{ii} = q_{51}^i \left( l_{51}^{ii} + \frac{1}{2}i_{51} \right) \qquad \cdots\cdots(\mathrm{B})$$

$$l_{52}^{ii} = l_{51}^{ii} + i_{51} - d_{51}^{ii} \qquad \cdots\cdots(\mathrm{C})$$

(A), (B), (C) より，

$$i_{51} = 80 \quad （答）$$

(5)　$q_{51}^{aa} = \dfrac{d_{51}^{aa}}{l_{51}^{aa}}$ より，$l_{51}^{aa}, d_{51}^{aa}$ を求める．

$$l_{51}^{aa} = l_{50}^{aa} - i_{50} - d_{50}^{aa} = 9{,}880$$

$$l_{52}^{aa} = l_{51}^{aa} - d_{51}^{aa} - i_{51}$$

$$\Longleftrightarrow \quad d_{51}^{aa} = l_{51}^{aa} - l_{52}^{aa} - i_{51} = 800$$

以上より，$q_{51}^{aa} \approx 0.080972$ 　（答）

(6)　$q_{51}^{(i)} = \dfrac{i_{51}}{l_{51}^{aa}} \approx 0.008097$ 　（答）

10.3 就業不能（または要介護）に対する諸給付 **219**

**問題 10.18（就業不能率）** 就業不能者の死力が就業者の死力の 2 倍で，$_tp_x^{aa} = e^{-0.010t}, _tp_x^i = e^{-0.008t}$ なる関係がある．このとき，$_tp_x^{ai} = X \cdot {}_tp_x^{aa} + Y \cdot {}_tp_x^i$ と表すこととすると，次のうち $(X, Y)$ の組を求めよ．

■ **sairin's check**

- $_tp_x^{ai} = \displaystyle\int_0^t {}_sp_x^{aa} \cdot \mu_{x+s}^{ai} \cdot {}_{t-s}p_{x+s}^i ds$ は教科書にない公式であるが，過去問では登場しているため，是非押さえておきたい公式の 1 つ．

- なお，連生保険と就業不能保険のモデルの類似性（主集団：共存＝就業，副集団：共存崩壊，就業不能）を考慮すれば，自明な関係式．

**【解答】**

就業者の死力を $\mu_x^{ad}$，就業不能の瞬間発生率を $\mu_x^{ai}$，就業不能者の死力を $\mu_x^{id}$ とする．$_tp_x^{ai}$ は，

$$_tp_x^{ai} = \int_0^t {}_sp_x^{aa} \cdot \mu_{x+s}^{ai} \cdot {}_{t-s}p_{x+s}^i ds$$

である．各確率をまとめると，

$$_tp_x^{aa} = \exp\left( -\int_0^t \left( \mu_{x+s}^{ai} + \mu_{x+s}^{ad} \right) ds \right)$$

$$_tp_x^i = \exp\left( -\int_0^t \mu_{x+s}^{id} ds \right)$$

係数比較により，

$$\mu_{x+s}^{ai} + \mu_{x+s}^{ad} = 0.01$$
$$\mu_{x+s}^{id} = 0.008$$
$$\mu_{x+s}^{id} = 2\mu_{x+s}^{ad}$$

であるから，

$$\mu_{x+s}^{ad} = 0.004, \quad \mu_{x+s}^{ai} = 0.006$$

220 第10章 連生・就業不能など

よって,

$$_tp_x^{ai} = \int_0^t e^{-0.01s} \cdot 0.006 \cdot e^{-0.008(t-s)} ds$$

$$= 3e^{-0.008t} - 3e^{-0.010t}$$

$$= 3{}_tp_x^i - 3{}_tp_x^{aa}$$

と表せる.したがって,$(X, Y) = (-3, 3)$ (答)

10.3 就業不能（または要介護）に対する諸給付　　**221**

**問題 10.19**（就業不能年金現価）　契約時 30 歳の就業者が就業不能となった年度末から生存中，ただし契約時から 19 年後の年度末まで支払われる年金の現価 $a^{ai}_{30:\overline{19}|}$ を求めよ．

ここで，就業不能者でない者は就業者であるものとし，就業不能者が回復して就業者に復帰することはないものとする．また，基数は下表のとおりとする．

| $x$ | $D^{aa}_x$ | $N^{aa}_x$ | $D^{ii}_x$ | $N^{ii}_x$ | $D^i_x$ | $N^i_x$ |
|---|---|---|---|---|---|---|
| 30 | 73,519 | 2,102,735 | 121 | 30,955 | 68,728 | 1,658,697 |
| 31 | 72,710 | 2,029,216 | 139 | 30,834 | 67,279 | 1,589,969 |
| 50 | 57,223 | 784,251 | 699 | 24,069 | 43,060 | 528,196 |
| 51 | 56,291 | 727,028 | 757 | 23,370 | 41,756 | 485,136 |

■ **sairin's check**
- 問題文で与えられている「19 年」という保険期間が中途半端に思えるかもしれないが，これは，保険料払込免除を意識したものと考えられる（→問題 10.22 のコメント参照）．

**【解答】**

$a^{ai}_{30:\overline{19}|}$ を確率を用いて表すと，

$$a^{ai}_{30:\overline{19}|} = \sum_{t=1}^{19} v^t \, {}_tp^{ai}_{30}$$

ここで，${}_tp^{ai}_x = \dfrac{l^{ii}_{x+t} - l^{ii}_x \cdot {}_tp^i_x}{l^{aa}_x}$ より，計算基数に直すと，

$$a^{ai}_{30:\overline{19}|} = \sum_{t=1}^{19} \frac{D^{ii}_{30+t} - D^{ii}_x \cdot \dfrac{D^i_{30+t}}{D^i_{30}}}{D^{aa}_{30}}$$

$$= \frac{N^{ii}_{31} - N^{ii}_{50} - D^{ii}_{30} \cdot \dfrac{N^i_{31} - N^i_{50}}{D^i_{30}}}{D^{aa}_{30}}$$

$$\approx 0.066591 \quad \text{（答）}$$

**222　第 10 章　連生・就業不能など**

---

問題 **10.20**（就業不能純保険料）　40 歳加入の就業者が就業不能となり保険期間 20 年以内に死亡すると，死亡した年度末に保険金額 1 を支払い消滅する保険の一時払純保険料を $P_1$，40 歳加入の就業者が保険期間 20 年以内に就業不能になると，その年度末に生死にかかわらず保険金額 1 を支払い消滅する保険の一時払純保険料を $P_2$ とするとき，一時払純保険料の差額 $P_2 - P_1$ は次の算式で表される．

なお，就業不能者でない者は就業者であるものとし，就業不能者が回復して就業者に復帰することはないものとする．

$$P_2 - P_1 = \sum_{t=0}^{19} \frac{v^{t+1}}{l_{40}^{aa}} \cdot \left( \boxed{1}_{\text{ア}} - \boxed{1}_{\text{イ}} - l_{40}^{ii} \cdot \frac{\boxed{2}_{\text{ウ}} - \boxed{2}_{\text{エ}}}{l_{40}^{i}} \right)$$

ただし，上式においては $\boxed{X}_{\text{x}}$ がある年齢における 1 つの死亡・就業不能脱退残存表の値を表すものとする．

---

■ **sairin's check**

- $q^{(i)}$ の $(i)$ の意味は，「死亡」ではなく「（就業不能という）生存」脱退であることを意図したものと解釈できる．

- 単生命の場合には，記号 $q$ は「死亡」を表すが，就業不能の場合は，あくまでも主集団からの「脱退」を表すため，死亡とは限らない．

【解答】

$P_1, P_2$ を確率を用いて表すと，

$$P_1 = \sum_{t=0}^{19} v^{t+1} {}_{t|}q_{40}^{ai}$$

$$P_2 = \sum_{t=0}^{19} v^{t+1} {}_{t|}q_{40}^{(i)}$$

よって，

$$P_2 - P_1 = \sum_{t=0}^{19} \frac{v^{t+1}}{l_{40}^{aa}} \{i_{40+t} - (d_{40+t}^{ii} - l_{40}^{ii} \cdot {}_{t|}q_{40}^i)\}$$

ここで，

$$i_{40+t} - d_{40+t}^{ii} = l_{41+t}^{ii} - l_{40+t}^{ii}$$

$$d_{40+t}^i = l_{40+t}^i - l_{41+t}^i$$

より，

$$P_2 - P_1 = \sum_{t=0}^{19} \frac{v^{t+1}}{l_{40}^{aa}} \left( l_{41+t}^{ii} - l_{40+t}^{ii} - l_{40}^{ii} \frac{l_{41+t}^i - l_{40+t}^i}{l_{40}^i} \right) \quad \text{(答)}$$

224　第10章　連生・就業不能など

**問題10.21（就業不能年金特約）**　40歳加入，保険期間20年の，保険期間中に就業不能となった場合，その年度末から保険期間満了時まで生存を条件に年金額1を支払う就業不能年金特約を考える（就業不能となった場合，最後の年金は保険期間満了時に支払われる）．

保険料は年払とし，保険期間中に被保険者が就業している限り，毎年度始に払い込むものとする．

死亡した場合，この特約からの給付はないものとする．

このとき，この特約の年払純保険料の値を求めよ．ここで，計算基数は下表のとおりとする．

なお，死亡および就業不能はそれぞれ独立かつ1年を通じて一様に発生するものとする．また，就業不能者でない者は就業者であるものとし，就業不能者が回復して就業者に復帰することはないものとする．

| $x$ | $N_x^{aa}$ | $N_x^{ii}$ | $N_x^{i}$ |
|---|---|---|---|
| 40 | 1,713,000 | 36,000 | 1,257,000 |
| 41 | 1,633,000 | 35,000 | 1,189,000 |
| … | … | … | … |
| 60 | 314,000 | 16,000 | 192,000 |
| 61 | 258,000 | 14,000 | 156,000 |

■ **sairin's check**
- 問題文で与えられている表に，$D_x$ や $C_x$ がない場合，隣接する $N_x$ や $M_x$ の差分で $D_x$ や $C_x$ が表示できることを思い出すとよい．

**【解答】**

求める値を $P^D$ とする．年金支払いは年度末払いであることに注意して収

10.3 就業不能（または要介護）に対する諸給付　**225**

支相等式を立てると，

$$P^D \ddot{a}^{aa}_{40:\overline{20|}} = a^{ai}_{40:\overline{20|}}$$

$$\iff \quad P^D = \frac{a^{ai}_{40:\overline{20|}}}{\ddot{a}^{aa}_{40:\overline{20|}}}$$

$\ddot{a}^{aa}_{40:\overline{20|}}, a^{ai}_{40:\overline{20|}}$ を求めると，

$$D^{aa}_{40} = N^{aa}_{40} - N^{aa}_{41}$$
$$= 80,000$$

なので，

$$\ddot{a}^{aa}_{40:\overline{20|}} = \frac{N^{aa}_{40} - N^{aa}_{60}}{D^{aa}_{40}} = 17.4875$$

また，

$$a^{ai}_{40:\overline{20|}} = \frac{N^{ii}_{41} - N^{ii}_{61} - D^{ii}_{40} \cdot \frac{N^i_{41} - N^i_{61}}{D^i_{40}}}{D^{aa}_{40}} \quad \text{（公式 (7.127)，問題 10.22 参照）}$$

$$D^i_{40} = N^i_{40} - N^i_{41} = 68,000$$
$$D^{ii}_{40} = N^{ii}_{40} - N^{ii}_{41} = 1,000$$

なので，

$$a^{ai}_{40:\overline{20|}} \approx 0.072610$$

以上より，$P^D \approx 0.004152$　（答）

**問題10.22（保険料払込免除特約）** 就業者である $x$ 歳の被保険者が，保険料年払全期払込，保険金年度末支払，保険金 $1$，保険期間 $n$ 年の定期保険に加入する．

この保険に，保険期間中に就業不能になればそれ以後の保険料払込を免除する特約を付加する．特約の保険料は年払とし，就業不能にならない限り毎年度始に払い込むものとする．ただし，最終年度に発生する就業不能に対しては免除すべき保険料がないことに留意する．

定期保険の年払保険料を $P$ としたとき，保険料払込免除特約の年払純保険料は計算基数を用いて次の算式で表される．

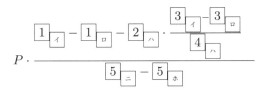

ただし，上式においては $\boxed{X}_{\text{ヲ}}$ がある年齢における1つの計算基数を表すものとする．

このとき，それぞれの空欄を埋めなさい．

■ sairin's check
- 保険料払込免除特約の場合，免除する（主契約の）営業保険料そのものが（年金としての）支出対象となる．
- なお，加入時点で就業不能者はそもそも保険に加入できないため，（保険料払込が年払の場合に）免除が発生するのは最短で加入1年後．
- したがって，支出対象となる年金は必ず期末（年度末）払いとなり，特に，最終年度は免除対象となる営業保険料が存在しないことも注意（通常，問題文で指示されるため，それに従えばよい）．

## 10.3 就業不能（または要介護）に対する諸給付 227

**【解答】**

特約の保険料の現価 ＝ 免除される保険料の現価として収支相等式を立てる.

その年に就業不能になるかは期始の時点ではわからないので，免除される保険料の現価は期末払いで考える.

最終年度に就業不能になった場合，期始の時点で保険料は払っているので，免除される保険料はない.

求める値を $P^D$ とすると，

$$P^D \ddot{a}^{aa}_{x:\overline{n-1}|} = P a^{ai}_{x:\overline{n-1}|} \iff P^D = \frac{a^{ai}_{x:\overline{n-1}|}}{\ddot{a}^{aa}_{x:\overline{n-1}|}} P$$

より，

$$a^{ai}_{x:\overline{n-1}|} = \ddot{a}^{a}_{x:\overline{n}|} - \ddot{a}^{aa}_{x:\overline{n}|}$$

$$= \sum_{t=0}^{n-1} (v^t {}_t p^a_x - v^t {}_t p^{aa}_x)$$

$$= \sum_{t=0}^{n-1} \frac{v^t}{l^{aa}_x} (l_{x+t} - l^{ii}_x \cdot {}_t p^i_x - l^{aa}_{x+t})$$

$$= \frac{N^{ii}_x - N^{ii}_{x+n} - D^{ii}_x \cdot \frac{N^i_x - N^i_{x+n}}{D^i_x}}{D^{aa}_x}$$

したがって，

$$P^D = \frac{N^{ii}_x - N^{ii}_{x+n} - D^{ii}_x \cdot \frac{N^i_x - N^i_{x+n}}{D^i_x}}{N^{aa}_x - N^{aa}_{x+n-1}} P \quad \text{(答)}$$

**【別解】**

$$a^{ai}_{x:\overline{n-1}|} = \sum_{t=1}^{n-1} v^t {}_t p^{ai}_x$$

とすれば，

$$P^D = \frac{N^{ii}_{x+1} - N^{ii}_{x+n} - D^{ii}_x \frac{N^i_{x+1} - N^i_{x+n}}{D^i_x}}{N^{aa}_x - N^{aa}_{x+n-1}} P$$

**228** 第10章 連生・就業不能など

となるが，これも正解．

【補足】

解答と別解は一見すると異なるように見えるが，別解の分子を以下のように変形すれば同値であることがわかる．

$$
N_{x+1}^{ii} - N_{x+n}^{ii} - D_x^{ii} \frac{N_{x+1}^i - N_{x+n}^i}{D_x^i}
$$

$$
= N_{x+1}^{ii} - N_{x+n}^{ii} - D_x^{ii} \frac{N_x^i - D_x^i - N_{x+n}^i}{D_x^i}
$$

$$
= N_{x+1}^{ii} + D_x^{ii} - N_{x+n}^{ii} - D_x^{ii} \frac{N_x^i - N_{x+n}^i}{D_x^i}
$$

$$
= N_x^{ii} - N_{x+n}^{ii} - D_x^{ii} \frac{N_x^i - N_{x+n}^i}{D_x^i}
$$

## 10.4 災害および疾病に関する保険

問題 **10.23**（入院給付） 下表の給付を行う，$x$ 歳加入，保険料年払全期払込，入院日額 $\delta$，保険期間 $n$ 年の災害入院保障保険（以降，原契約と呼ぶ）を考える．

| 給付種類 | 給付内容 | 予定発生率 |
|---|---|---|
| 災害入院給付金 | 入院日数×入院日額を支払う．支払いは 60 日を限度とする．すなわち，一度の災害入院につき最大で 60× 入院日額 $\delta$ の災害入院給付金を支払う． | 入院日数が $i$ 日の災害入院の発生率 $$q^{ahi} = \begin{cases} 2h & (1 \leq i \leq 90) \\ h & (91 \leq i \leq 180) \\ 0 & (181 \leq i) \end{cases}$$ $$\sum_{i=1}^{\infty} q^{ahi} = q^{ah}$$ ただし，$h$ は $0 < h < \frac{1}{270}$ なる年齢によらない定数 |

原契約に対し，次の 1. および 2. の変更を行う．

1.  支払限度日数を 60 日から 90 日に拡大する．すなわち，一度の災害入院につき最大で 90× 入院日額 $\delta$ の災害入院給付金を支払う．

2.  20 日以内の災害入院は支払の対象外とし，入院日数から 20 を引いた日数に対し日額 $\delta$ を支払う（以降，これを不担保期間と呼ぶ）．すなわち，不担保期間の導入後は，21 日以上の入院に対して「（入院日数 $-20$）× 入院日額 $\delta$」の災害入院給付金を支払う．

原契約の年払純保険料が 2 のとき，1. および 2. の変更を行った後の年払純保険料の値を求めよ．なお，災害入院の発生および災害入院給付金の支払は入院日数によらず年央に発生するものとし，災害入院は 1 年間に 2 回以上発生しないものとする．

### ■ sairin's check

● 選択肢で，保険期間 $n$ や入院日額 $\delta$ が登場しなければ，$n = \delta = 1$ として計算を楽にする．

**230**　第 10 章　連生・就業不能など

【解答】

入院発生率が年齢によらず一定のとき，

$$P\ddot{a}_{x:\overline{n}|} = \delta \sum_{t=0}^{n-1} v^{t+\frac{1}{2}} {}_t p_x \cdot q \cdot T$$
$$= \delta v^{\frac{1}{2}} \ddot{a}_{x:\overline{n}|} q T$$

より，

$$P = \delta v^{\frac{1}{2}} q T$$

となり，1 年分 (1 回分) の収支相等式を考えるだけでよくなる．

原契約の収支相等式を考えると，

$$P = v^{\frac{1}{2}} \delta \sum_{i=1}^{180} q^{ahi} \cdot \min\{i, 60\}$$

ここで，$\sum$ 部分を考えると，入院日数ごとに発生率が異なるので，

$$\sum_{i=1}^{180} q^{ahi} \cdot \min\{i, 60\} = \sum_{i=1}^{60} q^{ahi} \cdot i + \sum_{i=61}^{90} q^{ahi} \cdot 60 + \sum_{i=91}^{180} q^{ahi} \cdot 60$$
$$= \frac{1}{2} \cdot 60 \cdot 61 \cdot 2h + 60 \cdot 30 \cdot 2h + 60 \cdot 90 \cdot h$$
$$= 12660h$$

となる．したがって，上記の計算結果と $P = 2$ を代入することによって，

$$2 = 12660 v^{\frac{1}{2}} \delta h$$
$$v^{\frac{1}{2}} \delta h = \frac{1}{6330}$$

変更後の収支相等式を考えると，

$$P = v^{\frac{1}{2}} \delta \sum_{i=20}^{180} q^{ahi} \cdot \min\{i - 20, 90\}$$

10.4　災害および疾病に関する保険　　**231**

先ほどと同様に $\sum$ 部分を考えると，

$$\sum_{i=20}^{180} q^{ahi} \cdot \min\{i-20, 90\}$$

$$= \sum_{i=20}^{90} q^{ahi} \cdot (i-20) + \sum_{i=91}^{110} q^{ahi} \cdot (i-20) + \sum_{i=111}^{180} q^{ahi} \cdot 90$$

$$= \frac{1}{2} \cdot 70 \cdot 71 \cdot 2h + \frac{1}{2} \cdot 20 \cdot (71+90) \cdot h + 90 \cdot 70 \cdot h$$

$$= 12880h$$

したがって，

$$P = v^{\frac{1}{2}} \delta \sum_{i=20}^{180} q^{ahi} \cdot \min\{i-20, 90\}$$

$$= 12880 v^{\frac{1}{2}} \delta h$$

$$\approx 2.034755 \quad （答）$$

**232**　第 10 章　連生・就業不能など

---

**問題 10.24（災害保険）**　$x$ 歳加入，保険料年払全期払込，保険金年度末支払，保険期間 10 年で次の条件を満たす災害保障特約付養老保険を考える．

| | 主契約 (養老保険) | 特約 (災害保障特約) |
|---|---|---|
| 死亡保険金額 | 1 | 災害による死亡時　　:3<br>災害以外による死亡時:0 |
| 満期保険金額 | 1 | - |
| 予定死亡率<br>$(0 \leq t \leq 9)$ | $q_{x+t}$<br>(ただし，$q_{x+t} > 0.0001$) | 災害による予定死亡率　　:0.0001<br>災害以外による予定死亡率:$q_{x+t} - 0.0001$ |
| 予定新契約費 | 新契約時にのみ，<br>主契約の保険金額 1 に対し 0.02 | 新契約時にのみ，<br>主契約の保険金額 1 に対し 0.002 |
| 予定維持費 | 毎保険年度始に，<br>主契約の保険金額 1 に対し 0.003 | 毎保険年度始に，<br>主契約の保険金額 1 に対し 0.0001 |
| 予定集金費 | 保険料払込のつど，<br>主契約の営業保険料 1 に対し 0.02 | 保険料払込のつど，<br>特約の営業保険料 1 に対し 0.02 |

主契約（養老保険）の営業保険料が 0.099 のとき，特約の営業保険料を求めよ．必要であれば，予定利率 $i = 2.00\%$ を用いよ．

■ **sairin's check**

- 災害特約であっても，災害以外で死亡すれば保険料払込は停止するため，災害特約の収入現価を計算する際の生命年金現価は災害以外を含めたすべての死亡率を用いて計算する．

**【解答】**

　災害による死亡保険金について考える．災害による死亡率を $q^*$ で表すと，

$$_{t|}q_x^* = {}_tp_x \cdot q_{x+t}^* = 0.0001 {}_tp_x$$

なので，災害による死亡保険金の現価は，

$$\sum_{t=0}^{9} 3v^{t+1} {}_{t|}q_x^* = 0.0003 v \ddot{a}_{x:\overline{10|}}$$

10.4 災害および疾病に関する保険 **233**

これを用いて特約の営業保険料に関する収支相等式を立てると，

$$P^* \ddot{a}_{x:\overline{10|}} = 0.0003v\ddot{a}_{x:\overline{10|}} + 0.002 + 0.0001\ddot{a}_{x:\overline{10|}} + 0.02P^* \ddot{a}_{x:\overline{10|}}$$

$$\Longleftrightarrow \quad P^* = \frac{(0.0003v + 0.0001)\ddot{a}_{x:\overline{10|}} + 0.002}{0.98\ddot{a}_{x:\overline{10|}}}$$

$\ddot{a}_{x:\overline{10|}}$ を求める．主契約の営業保険料に関する収支相等式を立てると，

$$0.099\ddot{a}_{x:\overline{10|}} = A_{x:\overline{10|}} + 0.02 + 0.003\ddot{a}_{x:\overline{10|}} + 0.02 \cdot 0.099\ddot{a}_{x:\overline{10|}}$$

$$\Longleftrightarrow \quad \ddot{a}_{x:\overline{10|}} = \frac{1.02}{0.98 \cdot 0.099 + d - 0.003} \approx 8.976673$$

以上より，$P^* \approx 0.000630$　　（答）

**234**　第 10 章　連生・就業不能など

## 10.5　計算基礎の変更

> **問題 10.25（計算基礎の変更 (1)）**　(1) 予定利率を引き上げた場合 (2) 予
> 定死亡率を引き上げた場合，次の (A)〜(G) の値はそれぞれどうなるか．
> ただし，死亡率は年齢の増加に伴い単調増加するものとする．
>
> (A) $\ddot{a}_{x:\overline{n}|}$　(B) $A_{x:\overline{n}|}$　(C) $A_{x:\overline{n}|}^{\ 1}$　(D) $A_{x:\overline{n}|}^{1}$　(E) $P_{x:\overline{n}|}$　(F) $P_{x:\overline{n}|}^{\ 1}$
> (G) $P_{x:\overline{n}|}^{1}$

■ **sairin's check**

● 計算基礎を変更した後の増加減少の判定に，純保険料に関する頻出公
式である $A_{x:\overline{n}|} = 1 - d\ddot{a}_{x:\overline{n}|}$ も活用できる．

【解答】

$v = \dfrac{1}{1+i}$ より，$i \uparrow$ のとき $v \downarrow$, $d \uparrow$

$p_x = 1 - q_x$ より，$q_x \uparrow$ のとき $p_x \downarrow$

(A)　$\ddot{a}_{x:\overline{n}|} = \displaystyle\sum_{t=0}^{n-1} v^t {}_t p_x$ なので，$v^t, {}_t p_x$ それぞれの変化を考えると，
　　(1) $\downarrow$ (2) $\downarrow$　　（答）

(B)　$A_{x:\overline{n}|} = \displaystyle\sum_{t=0}^{n-1} v^{t+1} {}_{t|}q_x + v^n {}_n p_x$　$\cdots$(B1)
　　$= 1 - d\ddot{a}_{x:\overline{n}|}$　$\cdots$(B2),
　　(1)　(B1) より $v \downarrow$ なので $\downarrow$　　（答）
　　(2)　(A) より $\ddot{a}_{x:\overline{n}|} \downarrow$ なので，(B2) より $\uparrow$　　（答）

(C)　$A_{x:\overline{n}|}^{\ 1} = v^n {}_n p_x$ であることから，$v^t, {}_n p_x$ それぞれの変化を考えると，
　　(1) $\downarrow$ (2) $\downarrow$　　（答）

10.5　計算基礎の変更　**235**

(D)　$A^1_{x:\overline{n}|} = \displaystyle\sum_{t=0}^{n-1} v^{t+1}{}_{t|}q_x$　$\cdots$(D1)

　　　$= A_{x:\overline{n}|} - A_{x:\overline{n}|}^{\,1}$　$\cdots$(D2)

　(1)　(D1) より $v\downarrow$ なので $\downarrow$　　(答)

　(2)　(B), (C) より，$A_{x:\overline{n}|}\uparrow$ $A_{x:\overline{n}|}^{\,1}\downarrow$ なので，(D2) より $\uparrow$　　（答）


(E)(F)(G)　まとめて考えることにする．

　(1)　$P_{x:\overline{n}|} = \dfrac{A_{x:\overline{n}|}}{\ddot{a}_{x:\overline{n}|}}$

　　　$P^1_{x:\overline{n}|} = \dfrac{v\displaystyle\sum_{t=0}^{n-1} v^t\,{}_tp_x\,q_{x+t}}{\displaystyle\sum_{t=0}^{n-1} v^t\,{}_tp_x}$

　　　より，$q$ が単調増加のとき，分子の方が $v$ の影響が大きい（補足を参照）．

　　　したがって，$v\downarrow$ のとき $P^1_{x:\overline{n}|}\downarrow$

$$P_{x:\overline{n}|}^{\,1} = \frac{v^n\,{}_np_x}{\displaystyle\sum_{t=0}^{n-1} v^t\,{}_tp_x} = \frac{{}_np_x}{\displaystyle\sum_{t=0}^{n-1} \frac{1}{v^{n-t}}\,{}_tp_x}$$

　　　よって，$v\downarrow$ のとき $P_{x:\overline{n}|}^{\,1}\downarrow$ となるので，(E) (1) $\downarrow$，(F) (1) $\downarrow$，(G) (1) $\downarrow$　　（答）

　(2)　$P_{x:\overline{n}|} = \dfrac{1}{\ddot{a}_{x:\overline{n}|}} - d$

　　　(A) より，$p_x\downarrow$ のとき $\ddot{a}_{x:\overline{n}|}\downarrow$ なので，$P_{x:\overline{n}|}\uparrow$

$$P_{x:\overline{n}|}^{\,1} = \frac{v^n\,{}_np_x}{\displaystyle\sum_{t=0}^{n-1} v^t\,{}_tp_x} = \frac{v^n}{\displaystyle\sum_{t=0}^{n-1} v^t\,\frac{{}_tp_x}{{}_np_x}}$$

　　　$p_x\downarrow$ のとき $\dfrac{{}_tp_x}{{}_np_x}$ は $\uparrow$ なので，$P_{x:\overline{n}|}^{\,1}\downarrow$ である．また，

$$P^1_{x:\overline{n}|} = P_{x:\overline{n}|} - P_{x:\overline{n}|}^{\,1}$$

　　　なので，上記の結果より，$P^1_{x:\overline{n}|}\uparrow$．よって，(E) (2) $\uparrow$，(F) (2) $\downarrow$，(G) (2) $\uparrow$　　（答）

## 【(E) (F) (G) の (1) の補足】

$$P^1_{x:\overline{n}|} = \frac{v\sum_{t=0}^{n-1} v^t{}_tp_x q_{x+t}}{\sum_{t=0}^{n-1} v^t{}_tp_x}$$ の右辺の一部 $\frac{\sum_{t=0}^{n-1} v^t{}_tp_x q_{x+t}}{\sum_{t=0}^{n-1} v^t{}_tp_x}$ を改めて $\bar{q}$ と表すこととする．これは，$\bar{q}$ が $\{q_{x+t}\}_{t=0,1,\ldots,n-1}$ の重みを付けた加重平均であることを考慮した表記である．

ここで，$v$ を $v'(v>v')$ に変更した場合の $\bar{q}$ を $\bar{q}'$ とする．

$\{v'^t{}_tp_x\}_{t=0,1,\ldots,n-1}$ の重みと $\{v^t{}_tp_x\}_{t=0,1,\ldots,n-1}$ の重みを比較すると，前者は後者よりも $t$ の小さい部分の重みが相対的に大きい．

さらに，$q_{x+t}$ が $t$ について単調増加であることも含めて考えると，次図のとおり，$\bar{q} > \bar{q}'$ であることがわかる．したがって，$v\downarrow$ のとき $\bar{q}\downarrow$ であり，$P^1_{x:\overline{n}|}\downarrow$ という結論を得る．

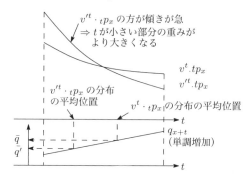

10.5 計算基礎の変更 **237**

問題 **10.26**(計算基礎の変更 (2)) 40 歳加入,保険料年払全期払込,保険金年度末支払,保険金額 1,保険期間 20 年の養老保険において,予定利率 $i$ および予定死亡率 $q_{40+t}$ をそれぞれ,

$$i' = (1 + k) \cdot i + k$$

$$q'_{40+t} = (1 + k) \cdot q_{40+t} - k \ (0 \le t \le 19)$$

へ変更したとき,年金現価が $\ddot{a}_{40:\overline{20|}}$ から $\ddot{a}'_{40:\overline{20|}}$ に,年払純保険料が $P_{40:\overline{20|}}$ から $P'_{40:\overline{20|}}$ に変化した.

このとき,$\ddot{a}'_{40:\overline{20|}} - \ddot{a}_{40:\overline{20|}}$ および $P'_{40:\overline{20|}} - P_{40:\overline{20|}}$ を求めよ.

■ **sairin's check**
- 頻出公式である $A_{x:\overline{n|}} = 1 - d\ddot{a}_{x:\overline{n|}}$ の両辺を $\ddot{a}_{x:\overline{n|}}$ で除して得られる $P_{x:\overline{n|}} = \dfrac{1}{\ddot{a}_{x:\overline{n|}}} - d$ を利用する.

【解答】

求める $\ddot{a}'_{40:\overline{20|}} - \ddot{a}_{40:\overline{20|}}$ は,

$$\ddot{a}'_{40:\overline{20|}} - \ddot{a}_{40:\overline{20|}} = \sum_{t=0}^{19} (v'^{t} {}_{t}p'_{40} - v^{t} {}_{t}p_{40})$$

$v'^{t}$ と ${}_{t}p'_{40}$ を整理すると,

$$v' = \frac{1}{1+i'} = \frac{1}{1+(1+k)i+k} = \frac{1}{1+k}v$$

$$p'_{40+t} = 1 - q'_{40+t} = 1 - (1+k)q_{40+t} + k = (1+k)p_{40+t}$$

であるから,${}_{t}p'_{40} = (1+k)^{t} {}_{t}p_{40}$

以上より,

$$\ddot{a}'_{40:\overline{20|}} - \ddot{a}_{40:\overline{20|}} = \sum_{t=0}^{19} \left\{ \left(\frac{1}{1+k}\right)^{t} v^{t}(1+k)^{t} {}_{t}p_{40} - v^{t} {}_{t}p_{40} \right\}$$

$$= 0 \quad (\text{答})$$

この結果を用いると，$\ddot{a}'_{40:\overline{20|}} = \ddot{a}_{40:\overline{20|}}$ であるから，

$$\frac{1}{\ddot{a}'_{40:\overline{20|}}} - \frac{1}{\ddot{a}_{40:\overline{20|}}} = 0$$

なので，

$$\begin{aligned}
P'_{40:\overline{20|}} - P_{40:\overline{20|}} &= \frac{1}{\ddot{a}'_{40:\overline{20|}}} - d' - \frac{1}{\ddot{a}_{40:\overline{20|}}} + d \\
&= d - d' \\
&= (1 - v) - (1 - v') \\
&= v' - v \\
&= \frac{1}{1+k}v - v \\
&= -\frac{k}{1+k}v \quad (\text{答})
\end{aligned}$$

10.5 計算基礎の変更 **239**

---

問題 **10.27**（計算基礎の変更 **(3)**） $x$ 歳加入，年金額 1 の終身年金におい
て $x+t$ 歳における予定死亡率 $q_{x+t}$ のみを $c\ (c>0)$ だけ大きくして，
$q'_{x+t} = q_{x+t} + c$ へ変更したとき，終身年金現価が $\ddot{a}_x$ から $\ddot{a}'_x$ に変化し
た．このとき，$\ddot{a}'_x$ を求めよ．

■ **sairin's check**

● 死亡率が変更される年齢が 1 つであっても，その年齢以降の生命関数
  の値も影響を受ける．

**【解答】**

影響がある $t$ 年目で $\ddot{a}'_x$ を区切ると，

$$\ddot{a}'_x = \ddot{a}_{x:\overline{t}|} + A_{x:\overline{t}|}^{\,1} \ddot{a}'_{x+t}$$

$x+t+1$ 歳以上の予定死亡率は変わらないので $\ddot{a}'_{x+t+1} = \ddot{a}_{x+t+1}$ だから，

$$= \ddot{a}_{x:\overline{t}|} + A_{x:\overline{t}|}^{\,1}(1 + vp'_{x+t}\ddot{a}_{x+t+1})$$

$p'_{x+t} = 1 - q'_{x+t} = 1 - q_{x+t} - c = p_{x+t} - c$ より，

$$= \ddot{a}_{x:\overline{t}|} + A_{x:\overline{t}|}^{\,1}\{1 + v(p_{x+t} - c)\ddot{a}_{x+t+1}\}$$

$$= \ddot{a}_{x:\overline{t}|} + A_{x:\overline{t}|}^{\,1}(1 + vp_{x+t}\ddot{a}_{x+t+1} - cv\ddot{a}_{x+t+1})$$

$$= \ddot{a}_{x:\overline{t}|} + A_{x:\overline{t}|}^{\,1}(1 + vp_{x+t}\ddot{a}_{x+t+1}) - cvA_{x:\overline{t}|}^{\,1}\ddot{a}_{x+t+1}$$

$$= \ddot{a}_{x:\overline{t}|} + A_{x:\overline{t}|}^{\,1}\ddot{a}_{x+t} - cv \cdot v^t\,{}_tp_x \cdot \ddot{a}_{x+t+1}$$

$$= \ddot{a}_x - cv^{t+1}\,{}_tp_x\ddot{a}_{x+t+1} \quad \text{（答）}$$

**240** 第10章 連生・就業不能など

---

問題 **10.28**(計算基礎の変更 (4)) $x$ 歳加入,保険料年払全期払込,保険金年度末支払,保険金額 1,保険期間 $n$ 年の養老保険において,年払平準純保険料を $P_{x:\overline{n}|}$,第 $t$ 保険年度末平準純保険料式責任準備金を $_tV_{x:\overline{n}|}$ とし,各年齢の予定死亡率を $(1-k)$ 倍 ($(1-k)$ 倍したどの年齢の予定死亡率も 1 を下回る) して計算した年払平準純保険料を $P'_{x:\overline{n}|}$,第 $t$ 保険年度末平準純保険料式責任準備金を $_tV'_{x:\overline{n}|}$ とした場合,下記の等式の空欄を埋めよ.

$$\left(\boxed{\quad(1)\quad}\right)\cdot\ddot{a}_{x:\overline{n}|} = k\cdot\sum_{t=0}^{n-1}\boxed{\quad(2)\quad}\cdot\left(1-\boxed{\quad(3)\quad}\right)$$

---

■ **sairin's check**

- 責任準備金の再帰式を辺々引くと $AB - A'B'$ という項が登場する.
- $AB - A'B'$ の変形は, $AB - A'B' = (A - A')B - (B' - B)A'$ および $(B - B')A - (A' - A)B'$ という 2 つがあるが,どちらを採用するかは,問題文からでは判断が難しいため,結局,両方を確かめるしかない.

---

**【解答】**

死亡率変更前と変更後のファクラーの再帰式をかくと,

$$_tV_{x:\overline{n}|} + P = vq_{x+t} + vp_{x+t}\cdot\,_{t+1}V_{x:\overline{n}|} \qquad\cdots\cdots(1)$$

$$_tV'_{x:\overline{n}|} + P' = vq'_{x+t} + vp'_{x+t}\cdot\,_{t+1}V'_{x:\overline{n}|} \qquad\cdots\cdots(2)$$

である. (1) $-$ (2) より,

$$_tV_{x:\overline{n}|} - {_tV'_{x:\overline{n}|}} + P - P' = v(q_{x+t} - q'_{x+t}) + vp_{x+t}\cdot\,_{t+1}V_{x:\overline{n}|} - vp'_{x+t}\cdot\,_{t+1}V'_{x:\overline{n}|}$$

$q_x - q'_x = kq_x$ なので,

$$(右辺) = vkq_{x+t} + v\{p_{x+t}({_{t+1}V_{x:\overline{n}|}} - {_{t+1}V'_{x:\overline{n}|}})$$

$$+ p_{x+t} \cdot {}_{t+1}V'_{x:\overline{n}|} - p'_{x+t} \cdot {}_{t+1}V'_{x:\overline{n}|}\}$$
$$= vkq_{x+t}(1 - {}_{t+1}V'_{x:\overline{n}|} + vp_{x+t}({}_{t+1}V_{x:\overline{n}|} - {}_{t+1}V'_{x:\overline{n}|})$$

両辺に $v^t{}_tp_x$ をかけると，

$$v^t{}_tp_x({}_tV_{x:\overline{n}|} - {}_tV'_{x:\overline{n}|} + P - P') = kv^{t+1}{}_{t|}q_x(1 - {}_{t+1}V'_{x:\overline{n}|})$$
$$+ v^{t+1}{}_{t+1}p_x({}_{t+1}V_{x:\overline{n}|} - {}_{t+1}V'_{x:\overline{n}|})$$

$t = 0$ から $t = n - 1$ まで辺々加えると，

$$_0V_{x:\overline{n}|} - {}_0V'_{x:\overline{n}|} + (P - P')\ddot{a}_{x:\overline{n}|} = k\sum_{t=0}^{n-1} v^{t+1}{}_{t|}q_x(1 - {}_tV'_{x:\overline{n}|})$$
$$+ v^n{}_np_x({}_nV_{x:\overline{n}|} - {}_nV'_{x:\overline{n}|})$$

したがって，

$$(P - P')\ddot{a}_{x:\overline{n}|} = k\sum_{t=0}^{n-1} v^{t+1}{}_tp_x \cdot q_{x+t}(1 - {}_{t+1}V'_{x:\overline{n}|}) \quad \text{（答）}$$

【補足】

責任準備金の立式では将来法，過去法，ファクラーの再帰式の3手段があるが，空欄の $\sum$ より各年度の和を求めたいことがわかるので，ここではファクラーの再帰式を用いた．

# ■ 付録 A

# 生保数理のための数学基礎公式集

[合格へのストラテジー 数学] にも数学の公式集を掲載したが，ここでは生保数理を攻略するために最低限必要な公式を掲載する．

## A.1　数列

### A.1.1　等差数列の和

$$\sum_{初項}^{末項} 等差数列 = \frac{初項 + 末項}{2} \cdot 項数 \tag{A.1}$$

### A.1.2　等比数列の和

$$\sum_{初項}^{末項} 等比数列 = \frac{初項 - 末項 \cdot 公比}{1 - 公比} \tag{A.2}$$

### A.1.3　階差数列

数列 $\{a_n\}$ に対し，

$$b_k = a_{k+1} - a_k$$

として得られる数列 $\{b_n\}$ を，$\{a_n\}$ の**階差数列**という．ここで，

$$\sum_{k=0}^{n-1} b_k = \sum_{k=0}^{n-1} (a_{k+1} - a_k)$$
$$= a_n - a_0$$

であるから，

$$a_n = a_0 + \sum_{k=0}^{n-1} b_k \tag{A.3}$$

**244** 付録 A 生保数理のための数学基礎公式集

### A.1.4 重要な $\sum$ 計算 (1)

$$\sum_{k=1}^{n} c = cn \tag{A.4}$$

$$\sum_{k=0}^{n} c = c\,(n+1) \tag{A.5}$$

$$\sum_{k=1}^{n} k = \frac{n\,(n+1)}{2} \tag{A.6}$$

$$\sum_{k=1}^{n} k^2 = \frac{n\,(n+1)\,(2n+1)}{6} \tag{A.7}$$

$$\sum_{k=1}^{n} k^3 = \left\{ \frac{n\,(n+1)}{2} \right\}^2 \tag{A.8}$$

### A.1.5 重要な $\sum$ 計算 (2)

■二項定理

$$\sum_{k=0}^{n} \binom{n}{k} x^k y^{n-k} = (x+y)^n \tag{A.9}$$

特に上記で $y = 1$ とすると，下記公式が得られる．

$$\sum_{k=0}^{n} \binom{n}{k} x^k = (x+1)^n \tag{A.10}$$

ここで，$\binom{n}{k}$ は**二項係数**と呼ばれる．$n!$ は**階乗**のことで，$n! = n \times (n-1) \times (n-2) \times \cdots \times 3 \times 2 \times 1$ である．二項係数はこれを利用して以下の通り表される．

$$\binom{n}{k} = \frac{n!}{k!\,(n-k)!} \tag{A.11}$$

なお，$0! = 1,\ \binom{n}{0} = \binom{0}{0} = \binom{n}{n} = 1$ である．

$|x| < 1$ のとき,

$$\sum_{k=0}^{\infty} x^k = 1 + x + x^2 + \cdots = \frac{1}{1-x} \tag{A.12}$$

$$\sum_{k=1}^{\infty} kx^{k-1} = 1 + 2x + 3x^2 + \cdots = \frac{1}{(1-x)^2} \tag{A.13}$$

## A.2 重要関数

### A.2.1 指数計算

$$a^n \cdot a^m = a^{n+m} \tag{A.14}$$

$$\frac{a^n}{a^m} = a^{n-m} \tag{A.15}$$

$$a^0 = 1 \tag{A.16}$$

$$a^{-n} = \frac{1}{a^n} \tag{A.17}$$

$$(a^n)^m = a^{nm} \tag{A.18}$$

### A.2.2 対数計算

$$x = \log N \iff N = e^x \tag{A.19}$$

$$\log(N \cdot M) = \log N + \log M \tag{A.20}$$

$$\log \frac{N}{M} = \log N - \log M \tag{A.21}$$

$$\log N^M = M \log N \tag{A.22}$$

$$\log 1 = 0 \tag{A.23}$$

$$\log e = 1 \tag{A.24}$$

$$e^{\log f(x)} = f(x) \tag{A.25}$$

なお，本書に登場する $\exp(x)$ は，$e^x$ と同義である．

**246** 付録 A　生保数理のための数学基礎公式集

## A.3　微分積分

### A.3.1　極限

$x$ を実数とするとき，**ネイピア数 $e$** について以下が成立する．特に，$x = 1$ のものを $e$ の定義としている[*1]．

$$\lim_{n \to \infty} \left(1 + \frac{x}{n}\right)^n = e^x \tag{A.26}$$

### A.3.2　微分法

$y = c$（$c$ は定数）のとき，

$$\frac{dy}{dx} = 0 \tag{A.27}$$

$y = cx$（$c$ は定数）のとき，

$$\frac{dy}{dx} = c \tag{A.28}$$

$y = x^n$ のとき，

$$\frac{dy}{dx} = n \cdot x^{n-1} \tag{A.29}$$

$y = f(x) \cdot g(x)$ のとき，

$$\frac{dy}{dx} = f'(x) \cdot g(x) + f(x) \cdot g'(x) \tag{A.30}$$

$y = \dfrac{f(x)}{g(x)}$ のとき，

$$\frac{dy}{dx} = \frac{f'(x) \cdot g(x) - f(x) \cdot g'(x)}{\{g(x)\}^2} \tag{A.31}$$

$y = f(g(x))$ のとき，

$$\frac{dy}{dx} = f'(g(x))g'(x) \tag{A.32}$$

$y = a^x$（$a$ は定数）のとき，

$$\frac{dy}{dx} = a^x \cdot \log a \tag{A.33}$$

---

[*1] $e$ の定義の方法は，文献によって異なる場合がある．

$y = e^x$ のとき，

$$\frac{dy}{dx} = e^x \tag{A.34}$$

$y = \log x$ のとき，

$$\frac{dy}{dx} = \frac{1}{x} \tag{A.35}$$

### A.3.3 積分法

$f(x) = x^a$ のとき，（以下，積分定数 C は省略.）

$$\int f(x)\,dx = \frac{x^{a+1}}{a+1} \tag{A.36}$$

$f(x) = \dfrac{1}{x}$ のとき，

$$\int f(x)\,dx = \log|x| \tag{A.37}$$

$f(x) = a^x$ のとき，

$$\int f(x)\,dx = \frac{a^x}{\log a} \tag{A.38}$$

$f(x) = e^x$ のとき，

$$\int f(x)\,dx = e^x \tag{A.39}$$

$a \cdot f(x) \pm b \cdot g(x)$ のとき，

$$\int \{a \cdot f(x) \pm b \cdot g(x)\}\,dx = a \cdot \int f(x)\,dx \pm b \cdot \int g(x)\,dx \tag{A.40}$$

$f(x) = \dfrac{g'(x)}{g(x)}$ のとき，

$$\int f(x)\,dx = \log|g(x)| \tag{A.41}$$

### 部分積分の公式

$$\int f'(x) \cdot g(x)\,dx = f(x) \cdot g(x) - \int f(x)\,g'(x)\,dx \tag{A.42}$$

**248**　付録 A　生保数理のための数学基礎公式集

次の 3 式は，右辺が収束するとき，大変役に立つ重要積分公式．(A.45) が一般形なので，これだけでも覚えよう．

$$\int f(x) \cdot e^x dx = e^x \left\{ f(x) - f'(x) + f''(x) - f'''(x) + \cdots \right\} \quad (A.43)$$

$$\int f(x) \cdot e^{-x} dx = -e^{-x} \left\{ f(x) + f'(x) + f''(x) + \cdots \right\} \quad (A.44)$$

$$\int f(x) \cdot e^{-ax} dx = -e^{-ax} \left\{ \frac{f(x)}{a} + \frac{f'(x)}{a^2} + \frac{f''(x)}{a^3} + \cdots \right\} \quad (A.45)$$

## A.4　テーラー展開

公式 (A.48), (A.49) は多用される．$f(x)$ について $x = a$ の近傍でのテーラー展開の公式は以下の通り．

$$f(x) = \sum_{n=0}^{\infty} \frac{f^{(n)}(a)}{n!} (x - a)^n \quad (A.46)$$

特に $a = 0$ の場合をマクローリン展開という．

$$f(x) = \sum_{n=0}^{\infty} \frac{f^{(n)}(0)}{n!} x^n \quad (A.47)$$

重要な展開式は以下の通り．$e^x$ の展開式は式の変形に多用される．

$$e^x = \sum_{n=0}^{\infty} \frac{x^n}{n!} \quad (A.48)$$

$$\log(1 + x) = \frac{x}{1} - \frac{x^2}{2} + \frac{x^3}{3} - \frac{x^4}{4} \cdots \quad (A.49)$$

## A.5　2次方程式の解

$a \neq 0$ のとき，$ax^2 + bx + c = 0$ の解は，以下のとおり．

$$x = \frac{-b \pm \sqrt{b^2 - 4ac}}{2a} \quad (A.50)$$

## A.6 場合の数

### A.6.1 順列と組み合わせ

**順列**

$n$個の中から$k$個の並べ方の個数を$_nP_k$と表す.

$$_nP_k = \frac{n!}{(n-k)!} \tag{A.51}$$

**組合せ**

$n$個の中から$k$個の選び方の個数を$_nC_k$と表す.

$$_nC_k = \frac{n!}{k!\,(n-k)!} = \frac{_nP_k}{k!} \tag{A.52}$$

なお, $_nC_k = \begin{pmatrix} n \\ k \end{pmatrix}$であり, 組合せの表記として$\begin{pmatrix} n \\ k \end{pmatrix}$が使われることもある. 関連する公式は以下の通り.

$$_nC_k = {_nC_{n-k}} \tag{A.53}$$

$$_nC_k = {_{n-1}C_{k-1}} + {_{n-1}C_k} \tag{A.54}$$

$$n_{n-1}C_{k-1} = k_nC_k \tag{A.55}$$

$$\sum_{l=k}^{m} {_lC_k} = {_{m+1}C_{k+1}} \tag{A.56}$$

### A.6.2 確率の基本公式

$P(A)$は, 事象$A$が起きる確率を表す.

**独立と排反**

- $A$と$B$が**独立**とは, $P(A \cap B) = P(A) \cdot P(B)$が成り立つこと.
- $A$と$B$が**排反**とは, $A \cap B = \emptyset$（空集合）であること.
- $A$と$B$が排反のとき, $P(A \cup B) = P(A) + P(B)$が成り立つ.

**250**　付録 A　生保数理のための数学基礎公式集

### 余事象

事象 $A$ に対して，$A$ が起こらない事象を**余事象**といい，$A^c$ と表す．このとき，$P(A) + P(A^c) = 1$ が成り立つ．

### ド・モルガンの法則

$$(A \cup B)^c = A^c \cap B^c \tag{A.57}$$

$$(A \cap B)^c = A^c \cup B^c \tag{A.58}$$

### 加法定理

和事象の確率計算は以下の通り．

$$P(A \cup B) = P(A) + P(B) - P(A \cap B) \tag{A.59}$$

$$
\begin{aligned}
P(A \cup B \cup C) = {}& P(A) + P(B) + P(C) \\
& - P(A \cap B) - P(B \cap C) - P(C \cap A) \\
& + P(A \cap B \cap C)
\end{aligned}
\tag{A.60}
$$

## A.7　確率変数

### A.7.1　確率変数の基本公式

確率的にさまざまな値を取る変数を**確率変数**といい，通常，$X, Y, Z$ のように大文字で表す．確率変数 $X$ が，$a$ 以上 $b$ 以下の値を取る確率を $P(a \leq X \leq b)$ と表す．

### 離散型確率変数

離散的な値 $x_1, x_2, x_3, \ldots$ のみをとる確率変数 $X$ に対して，$f(x_i) = P(X = x_i)$ として定義される関数 $f(x_i)$ を確率変数 $X$ の**確率関数**という．すべての確率の合計は 1 となる．

$$\sum_{i=1}^{\infty} f(x_i) = 1 \tag{A.61}$$

**連続型確率変数**

確率変数 $X$ にかかる確率に関して，以下の式を満たす関数 $f(x)$ が存在するとき，この $f(x)$ を確率変数 $X$ の**確率密度関数**という．

任意の $a, b$  $(a \le b)$ に対して，

$$P(a \le X \le b) = \int_a^b f(x)\, dx \tag{A.62}$$

また，特定の点の確率はゼロであるため，$P(X = x) = 0$ であり，$P(a \le X \le b) = P(a < X < b)$ である．全区間を積分した値は1となる．

$$\int_{-\infty}^{\infty} f(x) = 1 \tag{A.63}$$

## A.7.2　期待値と分散

**期待値**

添え字がない $\sum, \int$ は全区間の合計もしくは全区間の積分を表すものとする．このとき，$X$ の**期待値（平均）** $E(X)$ は，

●**離散型**

$$E(X) = \sum x_i \cdot f(x_i) \tag{A.64}$$

●**連続型**

$$E(X) = \int x \cdot f(x)\, dx \tag{A.65}$$

で定義される．$\mu = E(X)$ と表す場合もある．$g(x)$ を $x$ の関数とするとき，$g(X)$ の平均として，以下が定義できる．

●**離散型**

$$E[g(X)] = \sum g(x_i) \cdot f(x_i) \tag{A.66}$$

**252** 付録 A 生保数理のための数学基礎公式集

●連続型

$$E[g(X)] = \int g(x) \cdot f(x)\, dx \tag{A.67}$$

**分散**

$g(x) = (x - \mu)^2$ としたとき，$E\left[(X - \mu)^2\right] = V(X)$ と表し，$V(X)$ を $X$ の**分散**という．$V(X) = \sigma^2$ と表すこともある．

また，$\sqrt{V(X)} = \sigma$ を $X$ の**標準偏差**という．

分散を求める場合は，以下の公式を主に使う．

$$V(X) = E(X^2) - E(X)^2 \tag{A.68}$$

**共分散と相関係数**

$X, Y$ の**共分散** $Cov(X, Y)$ を以下の通り定義する．

$$Cov(X, Y) = E\left[\{X - E(X)\}\{Y - E(Y)\}\right] \tag{A.69}$$

$$= E(XY) - E(X)E(Y) \tag{A.70}$$

$X, Y$ の**相関係数** $\rho(X, Y)$ を以下の通り定義する．

$$\rho(X, Y) = \frac{Cov(X, Y)}{\sqrt{V(X)V(Y)}} \tag{A.71}$$

$$= \frac{E(XY) - E(X)E(Y)}{\sqrt{V(X)V(Y)}} \tag{A.72}$$

**期待値，分散，相関係数の性質**

以下の性質がある．特に公式 (A.73) は，確率変数の分解というテクニックを使う際に用いる重要な性質である．なお，$a, b, c$ は $X, Y, Z$ に無関係な定数とする．

$$E(X + Y) = E(X) + E(Y) \tag{A.73}$$

$$E(aX + b) = aE(X) + b \tag{A.74}$$

$$V(aX + b) = a^2 V(X) \tag{A.75}$$

$$V(X+Y) = V(X) + V(Y) + 2\,Cov\,(X,Y) \tag{A.76}$$

$$V(aX+bY) = a^2 V(X) + b^2 V(Y) + 2ab\,Cov\,(X,Y) \tag{A.77}$$

$$-1 \le \rho(X,Y) \le 1 \tag{A.78}$$

$a, c \ne 0$ として,

$$\rho(aX+b, cY+d) = \rho(X,Y) \tag{A.79}$$

$X, Y$ が独立であるとき,以下の性質がある.

$$E(XY) = E(X)\,E(Y) \tag{A.80}$$

$$V(X+Y) = V(X) + V(Y) \tag{A.81}$$

$$Cov\,(X,Y) = 0 \tag{A.82}$$

$$\rho(X,Y) = 0 \tag{A.83}$$

## A.8  微分方程式

生保数理では Thiele の微分方程式に関する問題で,対数の**変数分離形**[*2]
のみ登場する.具体的な解き方は問題 9.6(p.164)を参照いただきたいが,
この形の微分方程式は,変数を両辺揃えて積分すればよい.すなわち,

$$\int \frac{1}{g(y)} dy = \int f(x) dx \tag{A.84}$$

---

[*2] $\dfrac{dy}{dx} = f(x)g(y)$ のように,$\dfrac{dy}{dx}$ が $x$ と $y$ の関数の積で表せる微分方程式のこと.詳細
は微分方程式の参考書を参照せよ.

# ■付録B

# 最後の確認！
# 生保数理 重要穴あき公式
# チェックシート

　この穴埋め問題集では，生保数理の重要公式を穴埋めにして，きちんと覚えているかを確かめるチェックシートです．敢えて答えは載せません．いずれも必須公式集で登場したものです．

　公式の丸暗記を必ずしも推奨するわけではありませんが，試験本番では瞬間的に公式を使えるようになっておく必要があります．このチェックシートをスラスラと埋められるようになるまで勉強しましょう！

## ■利息の計算

### ●利率・現価率・割引率・利力

(1) $\left(1 + \dfrac{i^{(k)}}{[\quad]}\right)^{[\quad]} = 1 + i$

(2) $i^{(k)} = k\{[\quad] - 1\}$

(3) $d = i[\quad]$

(4) $d^{(k)} = k\{1 - [\quad]\}$

### ●資産運用による利息

(5) ハーディーの公式： $i_t \approx [\quad]$

## 付録 B 最後の確認！ 生保数理 重要穴あき公式チェックシート

### ●確定年金の現価・終価

#### ●年払，年 $k$ 回払，連続払

(6) $\ddot{a}_{\overline{n}|} = \displaystyle\sum_{t=[\quad]}^{[\quad]} [\quad] = [\quad]a_{\overline{n}|}$

(7) $\ddot{s}_{\overline{n}|} = (1+i)[\quad]$

(8) $\ddot{a}_{\overline{n+1}|} = [\quad] + a_{\overline{n}|}$

(9) $[\quad] = 1 + \ddot{s}_{\overline{n}|}$

(10) $[\quad]\ddot{s}_{\overline{n}|} = \ddot{a}_{\overline{n}|}$

(11) $n$ 年確定年金について以下の表を埋めよ．

|  | 期始払 | 期末払 | 連続払 |
|---|---|---|---|
| 現価 |  |  |  |
| 終価 |  |  |  |

#### ●据置年金・永久年金・累加年金

(12) $_{f|}\ddot{a}_{\overline{n}|} = [\quad]\ddot{a}_{\overline{n}|}$

(13) $(Ia)_{\overline{n}|} = \dfrac{[\quad\quad]}{[\quad\quad]}$

## ■生命表および生命関数

### ●生命表の記号

(14) $l_{x+1} = l_x - [\quad]$

## 付録B　最後の確認！　生保数理 重要穴あき公式チェックシート　257

### ●生命関数

(15)　$_tp_x = \dfrac{[\qquad]}{l_x} = p_x \times p_{x+1} \times \cdots \times [\qquad]$

(16)　$_{t+s}p_x = {}_tp_x[\qquad]$

(17)　$_{t|}q_x = {}_tp_x - [\qquad] = \dfrac{[\qquad]}{l_x} = [\qquad]q_{x+t}$

(18)　$_tq_x = q_x + {}_{1|}q_x + \cdots + [\qquad]$

### ●死力

(19)　$\mu_x = -\dfrac{dl_x}{dx} \cdot [\qquad] = -\dfrac{[\qquad]}{dx}$

(20)　$_tp_x = \exp([\qquad])$

(21)　$d_x = \displaystyle\int_0^1 [\qquad]dt$

### ●平均余命

(22)　$e_x = \displaystyle\sum_{t=[\quad]}^{[\quad]} [\qquad]$

(23)　$\mathring{e}_x = \displaystyle\int_0^{\omega-x} [\qquad]dt = \int_0^{\omega-x} [\qquad]dt$

### ●開集団

#### ●定常状態

(24)　定常状態にある $x$ 歳以上の人口：
$$T_x = \int_0^{\omega-x} [\qquad]dt = \int_0^{\omega-x} [\qquad]l_{x+t}\mu_{x+t}dt$$

(25)　$x$ 歳以上 $x+n$ 歳未満で死亡する者の，死亡時平均年齢：$[\qquad]$

(26)　定常状態にある社会の平均年齢：$[\qquad]$

**258**　付録B　最後の確認！ 生保数理 重要穴あき公式チェックシート

## ●死亡法則

(27)　$\mu_x = \dfrac{1}{\omega - x}$ のとき，$_tp_x = [\quad]$

(28)　$\mu_x = Bc^x$ のとき，$l_x = k \cdot [\quad]$　（$k$ は正の定数）

## ●生命関数の微分公式

(29)　$\dfrac{d}{dt}\,_tp_x = [\quad]$

(30)　$\dfrac{d}{dx}\,_tp_x = [\quad]$

(31)　$\dfrac{d}{dx}\mathring{e}_x = [\quad]$

# ■純保険料

## ●計算基数

### ●定義

(32)　$S_x = \displaystyle\sum_{t=0}^{\omega-x} [\quad]$

(33)　$C_x = [\quad]d_x$

(34)　$M_x = \displaystyle\sum_{t=0}^{\omega-x} [\quad]$

### ●基数に関する公式

(35)　$C_x = v \cdot [\quad] - [\quad]$

(36)　$M_x = v \cdot [\quad] - [\quad] = [\quad] - d[\quad]$

(37)　$R_x = v \cdot [\quad] - [\quad] = [\quad] - d[\quad]$

付録 B 最後の確認！ 生保数理 重要穴あき公式チェックシート **259**

## ●純保険料

### ● 生命年金

(38) $\ddot{a}_{x:\overline{n}|} = \sum_{t=[\quad]}^{[\quad]} [\quad]$

(39) $\ddot{a}_x = \dfrac{[\quad\quad]}{[\quad]}$

(40) $\overline{a}_x = \displaystyle\int_0^{\omega-x} [\quad] dt$

### ● 一時払純保険料

(41) $A^1_{x:\overline{n}|} = \dfrac{[\quad\quad]}{[\quad]}$

(42) $\overline{A}^1_{x:\overline{n}|} = \displaystyle\int_0^n [\quad] dt$

(43) $A_{x:\overline{n}|} = A^1_{x:\overline{n}|} + [\quad] = \dfrac{[\quad\quad]}{[\quad]}$

### ● 変動年金・保険金変動保険の一時払純保険料

(44) $(I\ddot{a})_{x:\overline{n}|} = \dfrac{[\quad\quad]}{[\quad]}$

(45) $(I_{\overline{n}|}\ddot{a})_x = \dfrac{[\quad\quad]}{[\quad]}$

(46) $(IA)^1_{x:\overline{n}|} = \dfrac{[\quad\quad]}{[\quad]}$

(47) $(I_{\overline{n}|}A)_x = \dfrac{[\quad\quad]}{[\quad]}$

### ● 年払平準純保険料

(48) $P^1_{x:\overline{n}|} = \dfrac{M_x - M_{x+n}}{[\quad]} = \dfrac{A^1_{x:\overline{n}|}}{[\quad]}$

**260** 付録B 最後の確認! 生保数理 重要穴あき公式チェックシート

## ● 年 $k$ 回払純保険料

(49) $\quad A^{1\,(k)}_{x:\overline{n}|} = 1 - d^{(k)}[\qquad] - [\qquad]$

(50) $\quad \ddot{a}^{(k)}_{x:\overline{n}|} = [\qquad]\left(1 + v^{\frac{1}{k}}\,{}_{\frac{1}{k}}p_x + \cdots + [\qquad]\right)$

$\qquad \approx \ddot{a}_{x:\overline{n}|} - [\qquad](1 - [\qquad])$

(51) $\quad {}_mP^{1\,(k)}_{x:\overline{n}|} = \dfrac{A^{1\,(k)}_{x:\overline{n}|}}{[\qquad]}$

(52) $\quad P^{(k)}_{x:\overline{n}|} \approx \dfrac{P_{x:\overline{n}|} + [\qquad]}{1 - [\qquad]}$

(53) $\quad {}_mP^{(k)}_x = \dfrac{A^{(k)}_x}{[\qquad]}$

(54) $\quad \overline{P}^{(k)}_{x:\overline{n}|} = \dfrac{[\qquad]}{\ddot{a}^{(k)}_{x:\overline{n}|}}$

(55) $\quad [\qquad] = \dfrac{\overline{A}_{x:\overline{n}|}}{\overline{a}_{x:\overline{n}|}}$

## ● 確率論的表示

(56) $\quad \overline{a}_{x:\overline{n}|} = \displaystyle\int_0^n [\qquad]dt + [\qquad]$

## ● 純保険料に関する重要公式

(57) $\quad A_{x:\overline{n}|} = 1 - [\qquad] = v \cdot \ddot{a}_{x:\overline{n}|} - [\qquad] = [\qquad] + vp_x[\qquad] = [\qquad] + A^{1}_{x:\overline{t}|}[\qquad]$

(58) $\quad A_x = 1 - [\qquad] = [\qquad] + vp_x[\qquad] = [\qquad] + A^{1}_{x:\overline{t}|}[\qquad]$

(59) $\quad A^{1}_{x:\overline{n}|} = 1 - [\qquad] - [\qquad] = [\qquad] + vp_x[\qquad] = [\qquad] + A^{1}_{x:\overline{t}|}[\qquad]$

(60) $\quad \overline{P}^{(\infty)}_{x:\overline{n}|} = [\qquad] - \delta$

(61) $\quad \ddot{a}_{x:\overline{n}|} = 1 + [\qquad] = \ddot{a}_{x:\overline{t}|} + [\qquad]$

(62) $\quad \ddot{a}_x = 1 + [\qquad] = \ddot{a}_{x:\overline{t}|} + [\qquad]$

## ■営業保険料

(63) $x$ 歳加入，保険料年払 $m$ 年払込，保険金年度末支払，保険金額 1 の終身保険の年払平準営業保険料 $P^*$ を含んだ収支相等の式：

$$P^* \ddot{a}_{x:\overline{m}|} = A_x + [\qquad] + \beta[\qquad] + \gamma[\qquad] + \gamma'[\qquad]$$

## ■責任準備金（純保険料式）

### ●責任準備金（純保険料式）の計算

#### ●過去法

(64) $\quad {}_t V_{x:\overline{n}|} = [\qquad] P_{x:\overline{n}|} - [\qquad] = \dfrac{[\qquad]}{[\qquad]}$

#### ●将来法

(65) $\quad {}_t^m V_{x:\overline{n}|} = A_{x+t:\overline{n-t}|} - [\qquad]$

(66) $\quad {}_t \overline{V}_{x:\overline{n}|} = \overline{A}_{x+t:\overline{n-t}|} - [\qquad]$

#### ●責任準備金の公式

(67) $\quad {}_t V_{x:\overline{n}|} = 1 - [\qquad]$

(68) $\quad {}_t V_{x:\overline{n}|}^{(\infty)} = 1 - [\qquad]$

(69) $\quad {}_t V_x = 1 - (1 - [\qquad]) \cdots (1 - [\qquad])$

#### ●ファクラーの再帰式

(70) $\quad {}_{t-1} V_{x:\overline{n}|} + P_{x:\overline{n}|} = [\qquad] + v p_{x+t-1} \cdot [\qquad]$

(71) 保険料の分解：$P_{x:\overline{n}|} = [\qquad] + [\qquad]$

#### ●Thiele の微分方程式

(72) $\quad \dfrac{d}{dt} {}_t V^{(\infty)} = [\qquad]$

## ■実務上の責任準備金

### ●チルメル式責任準備金

(73)　$[\quad] - [\quad] = \alpha$

(74)　$P_2 = P + [\quad]$

(75)　${}_tV^{[hz]} = {}_tV - [\quad]$

### ●初年度定期式責任準備金

(76)　$P_1 = [\quad]$


## ■解約・その他諸変更に伴う計算

### ●払済保険

(77)　払済保険金額を $S$ とすると，${}_tW = S\left([\quad]\right)$

### ●延長保険

(78)　元の保険金額を $S$ とすると，延長保険の期間 $T$ は以下の不等式を満たす整数の最大値：${}_tW \geq S\left([\quad]\right)$

(79)　そのときの生存保険金額 $S'$ とすると，${}_tW = S\left([\quad]\right) + S'\left([\quad]\right)$

(80)　貸付金総額 ${}_tL$ がある場合の延長保険の期間 $T'$ は，以下の不等式を満たす整数の最大値：${}_tW - [\quad] \geq \left([\quad]\right)\left(A_{x+t:\overline{T'}|}^{1} + \gamma'\ddot{a}_{x+t:\overline{T'}|}\right)$

付録B　最後の確認！　生保数理 重要穴あき公式チェックシート　**263**

# ■連合生命に関する生命保険および年金

## ●連生生命確率

(81)　$_tp_{\overline{xy}} = {}_tp_x + {}_tp_y - [\qquad]$

(82)　$_{t|}q_{\overline{xy}} = [\qquad] - [\qquad]$

(83)　$_tq_{\overline{xy}} = 1 - [\qquad] = (1 - [\qquad])(1 - [\qquad]) = {}_tq_x + {}_tq_y - [\qquad]$

(84)　$_tp_{\overline{xy}}^{[1]} = {}_tp_x[\qquad] + {}_tp_y[\qquad] = {}_tp_x + {}_tp_y - [\qquad]$

(85)　$_tp_{\overline{xyz}}^{[2]} = {}_tp_{xy} + {}_tp_{xz} + {}_tp_{yz} - [\qquad]$

(86)　$_tp_{\overline{xyz}}^{2} = {}_tp_{xy} + {}_tp_{xz} + {}_tp_{yz} - [\qquad]$

(87)　$_tp_{x,\overline{yz}} = {}_tp_{xy} + [\qquad] - [\qquad]$

## ●連生の死力・余命

(88)　$_tp_{\overline{xy}} \cdot \mu_{\overline{x+t,y+t}} = {}_tq_y \cdot [\qquad] + [\qquad] \cdot {}_tp_y\mu_{y+t}$

(89)　$_{t|}q_{\overline{xy}} = \int_t^{t+1} [\qquad]ds$

(90)　$\mathring{e}_{\overline{xy}} = \int_0^{\infty} [\qquad]ds$

## ●連生の条件付生命確率

(91)　$_tq_{\overset{1}{x}y} = \sum_{f=0}^{t-1} [\qquad]$

(92)　$_tq_{\overset{2}{x}y} = {}_tq_{x\overset{1}{y}} - [\qquad]$

(93)　$_tq_{xy} = {}_tq_{\overset{1}{x}y} + [\qquad]$

(94)　$_{\infty}q_{\overset{1}{x}y} + {}_{\infty}q_{x\overset{1}{y}} = [\qquad]$

(95)　$_{t|}q_{\overset{1}{y}z} = {}_{t|}q_{xy\overset{1}{z}} + [\qquad]$

(96)　$_{t|}q_{\overline{xy},z}^{1} = \int_t^{t+1} [\qquad]ds$

**264**　付録 B　最後の確認！　生保数理 重要穴あき公式チェックシート

## ●連生の保険・年金

(97)　$A_{\overline{xy}:\overline{n}|} = [\quad] + A_{\overline{xy}:\overline{n}|}^{\ 1} = 1 - [\quad]$

(98)　$P_{\overline{xy}:\overline{n}|} = \dfrac{A_{\overline{xy}:\overline{n}|}}{[\quad]} = [\quad] - d$

## ●復帰年金

(99)　$a_{x|y:\overline{n}|} = [\quad] - [\quad]$

## ●条件付連生保険

(100)　$[\quad] = A_{xy:\overline{n}|}^{1} + A_{xy:\overline{n}|}^{\ 1}$

(101)　$A_{xy:\overline{n}|}^{2} = \displaystyle\sum_{t=0}^{n-1} [\quad]$

(102)　$A_{x:\overline{n}|}^{1} = A_{xy:\overline{n}|}^{1} + [\quad]$

# ■脱退残存表

## ●多重脱退表

(103)　$q_x^A = [\quad]$

(104)　$q_x^{A*} \approx \dfrac{[\quad]}{[\quad]}$

(105)　原因 $A$ による脱退者数 $d_x^A = \displaystyle\int_0^1 [\quad] dt$

付録 B　最後の確認！ 生保数理 重要穴あき公式チェックシート　**265**

# ■就業不能（または要介護）に対する諸給付

## ●死亡・就業不能脱退残存表

(106) $l_{x+1}^{aa} = l_x^{aa} - d_x^{aa} - [\qquad]$

(107) $l_{x+1}^{ii} = l_x^{ii} + i_x - [\qquad]$

(108) $q_x^{aa} = \dfrac{[\qquad\qquad]}{l_x^{aa}}$

(109) $[\qquad] = \dfrac{i_x}{l_x^{aa}}$

(110) $d_x^{ii} = l_x^{ii} \cdot q_x^i + [\qquad]$

(111) $_t p_x^i = \dfrac{[\qquad\qquad]}{l_x^i}$

(112) $_t p_x^{ai} = \dfrac{[\qquad\qquad]}{[\qquad\qquad]}$

# ■災害および疾病に関する保険

## ●災害入院給付

(113)　不担保期間を 4 日，最長給付日数を 180 日としたとき，入院日数か
　　　ら 4 日間を控除した平均給付日数 $T$ ：

　　　$T = [\qquad]$

266    付録 B　最後の確認！ 生保数理 重要穴あき公式チェックシート

# ■計算基礎の変更

## ●予定利率の変更

$i$ を $i'$ に引き上げたとき，[　　] を適切な不等号で埋めよ．

(114)　$\ddot{a}_{x:\overline{n}|}[\quad]\ddot{a}'_{x:\overline{n}|}$

(115)　$A_{x:\overline{n}|}[\quad]A'_{x:\overline{n}|}$

(116)　$q_x$ が年齢 $x$ について単調増加であるとき，$P_{x:\overline{n}|}[\quad]P'_{x:\overline{n}|}$

## ●予定死亡率の変更

$q_x$ を $q'_x$ へ引き下げたとき，[　　] を適切な不等号で埋めよ．

(117)　$P_{x:\overline{n}|}^{\ 1}[\quad]P'^{\ 1}_{x:\overline{n}|}$

# 付録C

# 電卓の使いこなし術（生保数理編）

[合格へのストラテジー 数学]のコラムでも電卓の使い方についてご紹介しましたが，この付録では生保数理でよく使う計算に特化して，電卓の操作方法についてご紹介します．

持ち込める電卓の要件はイ．電源内蔵式で四則演算・√演算・数値のメモリーのみを有するもの（関数電卓や音を発する機能を持つ電卓はNG），ロ．数値を表示する機能が概ね水平であるもの，ハ．大きさが18cm × 26cm × 高さ10cmを超えないものです．自分の持っている電卓が持ち込めるか不安であれば，日本アクチュアリー会に問い合わせるのが一番でしょう．

生保数理で特に役立つのが GT （グランドトータルキー）です．これは， = を押して得た答えを自動的に合計してくれます．合計額は GT を1回叩くことで表示され，2回連続叩くと， GT メモリーの内容が消去されます．

## 【使いこなし方】

以下では，シャープ製やキヤノン製などの電卓の操作方法をご紹介します．また，すべて $i = 1.5\%$ として計算します．

(1) $v^n$ の計算

例として $v^{10}$ を計算してみましょう．$v = \dfrac{1}{1+i}$ だからといって，$1 \div 1.015 \div 1.015 \cdots$ とするのではなく，以下のように電卓を叩きます（カシオ製の電卓の場合， $\div$ は2回， $=$ を11回叩きます）．

(2) $\ddot{a}_{\overline{n}|}$ の計算

**268** 付録 C　電卓の使いこなし術（生保数理編）

ここでは 2 通りの計算方法を紹介します．例として $\ddot{a}_{\overline{5}|}$ を計算してみます．

(a)　GT を用いる

GT を使えば，(1) と似た要領で計算することができます．$\boxed{=}$ を $n-1$ 回押し，最後に 1 を足すことに注意してください．$n=5$ として $\ddot{a}_{\overline{5}|}$ を計算すると，

と計算します（カシオ製の電卓の場合，$\boxed{\div}$ を 2 回，$\boxed{=}$ を 5 回叩き，最後の $\boxed{+}$ $\boxed{1}$ は不要です）．

(b)　等比数列の公式を用いる

$\ddot{a}_{\overline{n}|} = \dfrac{1-v^n}{1-v}$ を計算するものです．ただし，電卓での計算は，分子分母に $-1$ を掛けた $\dfrac{v^n-1}{v-1}$ を使います．はじめに分母から計算してメモリーに記憶させ，次に分子を計算して，最後にメモリーで記憶させた分母で割ります．検算はもちろん，$n$ の数が大きいとき（30 年とか）は，GT よりもこちらのほうが計算しやすいことがあります．(a) と同様に $\ddot{a}_{\overline{5}|}$ を計算すると，

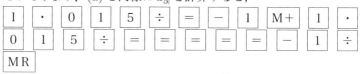

と計算します（カシオ製の電卓の場合，$\boxed{\div}$ を 2 回，$\boxed{=}$ をそれぞれ 2 回，6 回叩きます）．

(3)　$a_{\overline{n}|}$ の計算

ここでも 2 通りの計算方法を紹介します．$\ddot{a}_{\overline{n}|}$ と似た要領で計算することができます．例として $a_{\overline{5}|}$ を計算してみます．

(a)　GT を用いる

(2) の (a) と比較すると，こちらは $\boxed{=}$ を $n$ 回叩き，最後の $\boxed{+}$ $\boxed{1}$ は不要になります．$a_{\overline{5}|}$ の計算は以下のようになります（カシオ製

付録 C　電卓の使いこなし術（生保数理編）　**269**

の電卓の場合，$\boxed{\div}$ を 2 回，$\boxed{=}$ を 6 回叩き，$\boxed{\text{G T}}$ を叩いたあとに
$\boxed{-}\ \boxed{1}\ \boxed{=}$ を叩きます）．

$$\boxed{1}\ \boxed{\cdot}\ \boxed{0}\ \boxed{1}\ \boxed{5}\ \boxed{\div}\ \boxed{=}\ \boxed{=}\ \boxed{=}\ \boxed{=}\ \boxed{=}\ \boxed{\text{G T}}$$

(b)　等比数列の公式を用いる

$a_{\overline{n}|} = \dfrac{1 - v^n}{i}$ を計算するものです．ただし，$-1$ を掛けた $\dfrac{v^n - 1}{i}$
を計算し，マイナスを取ったものが答えとなります．$a_{\overline{5}|}$ の計算は
以下のようになります（カシオ製の電卓の場合，$\boxed{\div}$ を 2 回，$\boxed{=}$
を 6 回叩きます）．

$$\boxed{1}\ \boxed{\cdot}\ \boxed{0}\ \boxed{1}\ \boxed{5}\ \boxed{\div}\ \boxed{=}\ \boxed{=}\ \boxed{=}\ \boxed{=}\ \boxed{=}\ \boxed{-}$$

$$\boxed{1}\ \boxed{\div}\ \boxed{0}\ \boxed{\cdot}\ \boxed{0}\ \boxed{1}\ \boxed{5}\ \boxed{=}\ \boxed{+/-}$$

# 付録D

# 生保数理営業保険料分解図

　生保数理でもっとも基本的な保険種類である養老保険の付加保険料($\alpha$-$\beta$-$\gamma$体系)を図で表せば,以下のようになる.

　付加保険料のうち,保険金額比例の $\alpha$ および $\gamma$ は,徴収のタイミングが異なる.実際,$\alpha$ は加入時のみだが,$\gamma$ は毎年徴収される.

　一方,付加保険料のうち,営業保険料比例の $\beta$ および $\delta$ は,保険料の払込の都度,徴収される.

　この図が再現できれば,生保数理の営業保険料について,基礎的な理解ができていると考えてよいであろう.

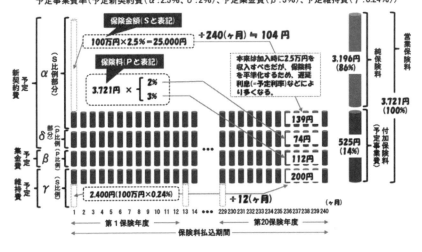

## 付録D　生保数理営業保険料分解図

【前提】養老保険（保険金年度末支払）、男性、30歳加入、20年満期、保険金額100万円、保険料年払。
　　　　予定死亡率：第5回日本全会社生命表（←教科書上巻の巻末にある生命表）
　　　　予定利率：5.5%（←教科書上巻の巻末にある予定利率）
　　　　予定事業費率：予定新契約費（α：2.5%、δ：2%）、予定集金費（β：3%）、予定維持費（γ：0.24%）
　　　　　　　　　　　　　　　　　　　　　　　　　　　（↑教科書下巻（第7章）にある予定事業費率）

【イメージ図】

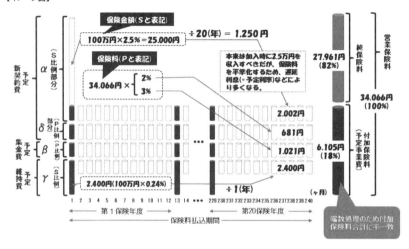

# ■付録 E

# 生保数理記号集

## ■利息の計算

### ●利率・現価率・割引率・利力

$i^{(k)}$：転化回数年 $k$ 回の名称利率

$v$：現価率

$d^{(k)}$：転化回数年 $k$ 回の名称割引率

$\delta$：利力

### ●確定年金の現価・終価

#### ●年払，年 $k$ 回払，連続払

$\ddot{a}_{\overline{n}|}$：期間 $n$ 年の期始払確定年金現価

$a_{\overline{n}|}$：期間 $n$ 年の期末払確定年金現価

$\ddot{s}_{\overline{n}|}$：期間 $n$ 年の期始払確定年金終価

$s_{\overline{n}|}$：期間 $n$ 年の期末払確定年金終価

$\ddot{a}_{\overline{n}|}^{(k)}$：年 $k$ 回払，期間 $n$ 年の期始払確定年金現価

$\ddot{s}_{\overline{n}|}^{(k)}$：年 $k$ 回払，払期間 $n$ 年の期始払確定年金終価

$\overline{a}_{\overline{n}|}$：期間 $n$ 年の連続払確定年金現価

$\overline{s}_{\overline{n}|}$：期間 $n$ 年の連続払確定年金終価

**274** 付録 E 生保数理記号集

● 据置年金・永久年金・累加年金

$_{f|}\ddot{a}_{\overline{n}|}$：$f$ 年据置，期間 $n$ 年の期始払確定年金現価

$_{f|}a_{\overline{n}|}$：$f$ 年据置，期間 $n$ 年の期末払確定年金現価

$\ddot{a}_{\infty}$：期始払永久年金現価

$a_{\infty}$：期末払永久年金現価

$(I\ddot{a})_{\overline{n}|}$：期間 $n$ 年の期始払累加年金現価

$(Ia)_{\overline{n}|}$：期間 $n$ 年の期末払累加年金現価

$(I\ddot{s})_{\overline{n}|}$：期間 $n$ 年の期始払累加年金終価

$(Is)_{\overline{n}|}$：期間 $n$ 年の期末払累加年金終価


# ■生命表および生命関数

## ●生命表の記号

$l_x$：$x$ 歳の生存者数

$d_x$：$x$ 歳の生存者数が $x+1$ 歳になるまでに死亡する人数

$\omega$：生命表の最終年齢

## ●生命関数

$_tp_x$：$x$ 歳の者（以下 $(x)$ と表記）が $t$ 年後まで生存する確率

$q_x$：$(x)$ の死亡率

$_{t|}q_x$：$(x)$ が $t$ 年間生存してから，その後 1 年以内に死亡する確率

$_tq_x$：$(x)$ が $t$ 年後までに死亡する確率

## ●死力

$\mu_x$：$(x)$ の死力

## 付録 E　生保数理記号集　**275**

### ●平均余命

$e_x$：$(x)$ の略算平均余命

$\mathring{e}_x$：$(x)$ の完全平均余命

$_n e_x$：$(x)$ の略算定期平均余命

$_n \mathring{e}_x$：$(x)$ の完全定期平均余命

$_{n|} e_x$：$(x)$ の略算据置平均余命

$_{n|} \mathring{e}_x$：$(x)$ の完全据置平均余命

### ●開集団

#### ● 定常状態

$L_x$：ある時点で年齢が $x$ 歳と $x+1$ 歳との間にある者の総数

$T_x$：$x$ 歳以上の人口

#### ● 中央死亡率

$m_x$：$(x)$ の中央死亡率

$_n m_x$：$x$ 歳以上 $x+n$ 歳未満の年齢群団の中央死亡率

## ■純保険料

### ●純保険料

#### ● 生命年金

$\ddot{a}_{x:\overline{n}|}$：保険期間 $n$ 年の期始払生命年金現価

$a_{x:\overline{n}|}$：保険期間 $n$ 年の期末払生命年金現価

$\ddot{a}_x$：期始払終身年金現価

$a_x$：期末払終身年金現価

$_{f|}\ddot{a}_{x:\overline{n}|}$：$f$ 年据置，期間 $n$ 年の生命年金現価

$\overline{a}_{x:\overline{n}|}$：保険期間 $n$ 年の連続払生命年金現価

$\overline{a}_x$：連続払終身年金現価

**276** 付録 E 生保数理記号集

### ● 一時払純保険料

$A_{x:\overline{n}|}^{\phantom{x}1}$：$n$ 年満期の生存保険の一時払純保険料

$A_{x:\overline{n}|}^{1}$：保険期間 $n$ 年，保険金年度末支払の定期保険の一時払純保険料

$\overline{A}_{x:\overline{n}|}^{1}$：保険期間 $n$ 年，保険金即時払の定期保険の一時払純保険料

$A_{x:\overline{n}|}$：保険期間 $n$ 年，保険金年度末支払の養老保険の一時払純保険料

$_{f|}A_{x:\overline{n}|}$：$f$ 年据置，期間 $n$ 年，保険金年度末支払の養老保険の一時払純保険料

$\overline{A}_{x:\overline{n}|}$：保険期間 $n$ 年，保険金即時払の養老保険の一時払純保険料

$A_x$：保険金年度末支払の終身保険の一時払純保険料

$\overline{A}_x$：保険金即時払の終身保険の一時払純保険料

### ● 変動年金・保険金変動保険の一時払純保険料

$(I\ddot{a})_{x:\overline{n}|}$：保険期間 $n$ 年の期始払生命年金で，第 $k$ 年度に年金額が $k$ というように毎年 1 ずつ増加する累加年金の現価

$(I\ddot{a})_x$：期始払終身年金で，第 $k$ 年度に年金額が $k$ というように毎年 1 ずつ増加する累加年金の現価

$(\overline{I}\overline{a})_{x:\overline{n}|}$：保険期間 $n$ 年の連続払生命年金で，第 $k$ 年度に年金額が $k$ というように毎年 1 ずつ増加する累加年金の現価

$(I_{\overline{n}|}\ddot{a})_x$：期始払累加年金で，年金額が $n$ に到達後，その額が $n$ のまま終身続くものの現価

$(D\ddot{a})_{x:\overline{n}|}$：保険期間 $n$ 年の期始払生命年金で，第 $k$ 年度に年金額が $n-k+1$ というように毎年 1 ずつ減少する累減年金の現価

$(D_{\overline{n}|}\ddot{a})_x$：期始払累減年金で，第 1 年度の年金額が $n$ で第 $n$ 年度に 1 に到達後，その額が 1 のまま終身続くものの現価

$(IA)_{x:\overline{n}|}^{1}$：保険期間 $n$ 年の定期保険で，第 $k$ 年度に死亡するときに保険金額 $k$ を年度末に支払うような累加定期保険の一時払純保険料

$(I\overline{A})_{x:\overline{n}|}^{1}$：保険期間 $n$ 年の累加定期保険で，第 $k$ 年度に死亡するときに保険金額 $k$ を即時払する保険の一時払純保険料

付録 E　生保数理記号集　**277**

$(IA)_x$：第 $k$ 年度に死亡するときに保険金額 $k$ を年度末に支払うような累加終身保険の一時払純保険料

$(I\overline{A})_x$：第 $k$ 年度に死亡するときに保険金額 $k$ を即時払する累加終身保険の一時払純保険料

$(I\overline{A})^1_{x:\overline{n}|}$：保険期間 $n$ 年の累加定期保険で，契約時からの経過年数 $t$ で死亡したときに保険金額 $t$ を即時払する保険の一時払純保険料

$(I_{\overline{n}|}A)_x$：年度末支払の累加定期保険で，保険金額が $n$ に到達後，その額が $n$ のまま終身続く保険の一時払純保険料は

$(DA)^1_{x:\overline{n}|}$：保険期間 $n$ 年の定期保険で，第 $k$ 年度に死亡するときに保険金額 $n-k+1$ を年度末に支払うような累減定期保険の一時払純保険料

$(D_{\overline{n}|}A)_x$：年度末支払の累減定期保険で，第 1 年度の保険金額が $n$ で第 $n$ 年度に 1 に到達後，その額が 1 のまま終身続く保険の一時払純保険料

● **年払平準純保険料**

$P^{\;1}_{x:\overline{n}|}$：$n$ 年満期，保険料全期払込の生存保険の年払平準純保険料

$P^1_{x:\overline{n}|}$：保険期間 $n$ 年，保険料全期払込，保険金年度末支払の定期保険の年払平準純保険料

$\overline{P}_x$：保険料全期払込，保険金即時払，保険金額 1 の終身保険の年払平準純保険料

$_mP^1_{x:\overline{n}|}$：保険期間 $n$ 年，保険料 $m$ 年短期払込，保険金年度末支払の定期保険の年払平準純保険料

$_m\overline{P}^1_{x:\overline{n}|}$：保険期間 $n$ 年，保険料 $m$ 年短期払込，保険金即時払の定期保険の年払平準純保険料

$P_{x:\overline{n}|}$：保険期間 $n$ 年，保険料全期払込，保険金年度末支払の養老保険の年払平準純保険料

$_m\overline{P}_{x:\overline{n}|}$：保険期間 $n$ 年，保険料 $m$ 年短期払込 $(m<n)$，保険金即時払の定期保険の年払平準純保険料

**278**　付録 E　生保数理記号集

## ● 年 $k$ 回払純保険料

$A^{1\,(k)}_{x:\overline{n}|}$：保険期間 $n$ 年，保険金 $\dfrac{1}{k}$ 年末支払の定期保険の一時払純保険料

$\ddot{a}^{(k)}_{\overline{n}|}$：保険期間 $n$ 年，年 $k$ 回払の期始払生命年金現価

${}_mP^{1\,(k)}_{x:\overline{n}|}$：保険期間 $n$ 年，保険料年 $k$ 回払 $m$ 年短期払込，保険金 $\dfrac{1}{k}$ 年末支払の定期保険の平準純保険料の年間総額

$A^{(k)}_{x:\overline{n}|}$：保険期間 $n$ 年，保険金 $\dfrac{1}{k}$ 年末支払，保険金額 $1$ の養老保険の一時払純保険料

$P^{(k)}_{x:\overline{n}|}$：保険期間 $n$ 年，保険料年 $k$ 回払全期払込，保険金 $\dfrac{1}{k}$ 年末支払の養老保険の平準純保険料の年間総額は

${}_mP^{(k)}_{x}$：保険料年 $k$ 回払 $m$ 年短期払込，保険金 $\dfrac{1}{k}$ 年末支払の終身保険の平準純保険料の年間総額

$\overline{P}^{(k)}_{x:\overline{n}|}$：保険期間 $n$ 年，保険料年 $k$ 回払全期払込，保険金即時払の養老保険の平準純保険料の年間総額

$\overline{P}^{(\infty)}_{x:\overline{n}|}$：保険期間 $n$ 年，保険料連続払全期払込，保険金即時払の養老保険の連続払平準純保険料の年間総額

## ● 完全年金

$\mathring{a}_{x:\overline{n}|}$：$x$ 歳加入，年度末支払の $n$ 年完全年金の現価

$\mathring{a}^{(k)}_{x:\overline{n}|}$：年 $k$ 回払の $n$ 年完全年金の現価

# ■責任準備金（純保険料式）

## ●責任準備金（純保険料式）の計算

### ● 過去法

${}_tV_{x:\overline{n}|}\ (1 \le t \le n)$：$x$ 歳加入，保険期間 $n$ 年，保険料年払全期払込，保険金年度末支払の養老保険の第 $t$ 保険年度末純保険料式責任準備金

${}_tV^{1}_{x:\overline{n}|}\ (1 \le t \le n)$：$x$ 歳加入，保険期間 $n$ 年，保険料年払全期払込，保険金年度末支払の定期保険の第 $t$ 保険年度末純保険料式責任準備金

## ●将来法

${}_t^m V_{x:\overline{n|}}$：$x$ 歳加入，保険期間 $n$ 年，保険料年払 $m$ 年短期払込，保険金年度末
　　支払の養老保険の第 $t$ 保険年度末純保険料式責任準備金

${}_t V_{x:\overline{n|}}^{(k)}$：$x$ 歳加入，保険期間 $n$ 年，保険料年 $k$ 回払全期払込，保険金年度末支
　　払の養老保険の第 $t$ 保険年度末純保険料式責任準備金

${}_t \overline{V}_{x:\overline{n|}}$：$x$ 歳加入，保険期間 $n$ 年，保険料年払全期払込，保険金即時払の養
　　老保険の第 $t$ 保険年度末純保険料式責任準備金

${}_t \overline{V}_{x:\overline{n|}}^{(k)}$：$x$ 歳加入，保険期間 $n$ 年，保険料年 $k$ 回払全期払込，保険金即時払
　　の養老保険の第 $t$ 保険年度末純保険料式責任準備金

${}_t V_{x:\overline{n|}}^{(\infty)}$：$x$ 歳加入，保険期間 $n$ 年，保険料連続払全期払込，保険金即時払の
　　養老保険の第 $t$ 保険年度末純保険料式責任準備金

${}_t V_x$：$x$ 歳加入，保険料年払全期払込，保険金年度末支払の終身保険の第 $t$ 保
　　険年度末純保険料式責任準備金

# ■実務上の責任準備金

## ●チルメル式責任準備金

${}_t V_{x:\overline{n|}}^{[hz]}$：$x$ 歳加入，保険期間 $n$ 年，保険料年払全期払込，保険金年度末支払，
　　チルメル期間 $h$ 年の養老保険の第 $t$ 保険年度末責任準備金

${}_t V_{x:\overline{n|}}^{[z]}$：$x$ 歳加入，保険期間 $n$ 年，保険料年払全期払込，保険金年度末支払，
　　全期チルメル式の養老保険の第 $t$ 保険年度末責任準備金

**280**　付録 E　生保数理記号集

# ■連合生命に関する生命保険および年金

## ●連生生命確率

$l_{xy}$：$(x)$ と $(y)$ の共存組合わせの総数

$_tp_{xy}$：$(x)$ と $(y)$ が $t$ 年後に共存している確率

$_{t|}q_{xy}$：時間区間 $[t,\,t+1]$ で $(x)$ と $(y)$ が共存しなくなる確率

$_tq_{xy}$：$(x)$ と $(y)$ が $t$ 年後に共存せず，少なくとも1人が死亡している確率

$_tp_{\overline{xy}}$：$(x)$ と $(y)$ のうちの少なくとも1人である最終生存者が $t$ 年後に生存している確率

$_{t|}q_{\overline{xy}}$：時間区間 $[t,\,t+1]$ で $(x)$ と $(y)$ のうちの最終生存者が死亡する確率

$_tq_{\overline{xy}}$：$(x)$ と $(y)$ のうちの最終生存者が $t$ 年以内に死亡している確率

$_tp_{\overline{xy}}^{[1]}$：$(x)$ と $(y)$ のうちのちょうど1人が $t$ 年後に生存している確率

$_tp_{\overline{xyz}}^{[2]}$：$(x)$, $(y)$, $(z)$ の3人中2人が $t$ 年後に生存する確率

$_tp_{\overline{xyz}}^{2}$：$(x)$, $(y)$, $(z)$ の3人中少なくとも2人が $t$ 年後に生存する確率

$_tp_{x,\overline{yz}}$：$(y)$, $(z)$ の最終生存者と $(x)$ とが $t$ 年後に共存する確率

## ●連生の死力・余命

$\mu_{x+t,y+t}$：共存がでなくなるという意味での死力

$\mu_{\overline{x+t,y+t}}$：最終生存者の死力

## ●連生の条件付生命確率

$_{t|}q_{\overset{1}{x}y}$：$(x)$ の死亡が時間区間 $[t,\,t+1]$(観察期間) に属する時点 $s$ に起こり，かつ時点 $s$ に $(y)$ が生存しているという条件が成り立つ確率

$_tq_{\overset{1}{x}y}$：$(x)$ の死亡が観察期間 $[0,\,t]$ に属する時点 $s$ に起こり，かつ時点 $s$ に $(y)$ が生存しているという条件が成り立つ確率

$_tq_{\overset{2}{x}y}$：$(x)$, $(y)$ のうち，$(x)$ が，観察期間 $[0,\,t]$ に属する時点に2番目に死亡するという条件が成り立つ確率

$_{\infty}q_{\overset{1}{x}y}$：$(x)$ が $(y)$ に先立って死亡するという条件が成り立つ確率

付録 E　生保数理記号集　**281**

$_{t|}q_{\overset{x}{1}\overset{2}{y}z}$：$(x)$, $(y)$, $(z)$ のうち $(x)$ の死亡が 1 番目に起こり，かつ $(y)$ の死亡が 2 番目として観察期間 $[t,\,t+1]$ に属する時点 $s$ に起こり，かつ時点 $s$ で $(z)$ が生存している という条件が成り立つ確率

$_{t|}q_{\overset{xy}{1}\overset{z}{2}}^{\;3}$：$(x)$, $(y)$, $(z)$ の順に死亡し，かつ $(z)$ の死亡が観察期間 $[t,\,t+1]$ に属する時点で起こるという条件が成り立つ確率

$_{t|}q_{\overset{x}{1}\overset{2:3}{y}z}$：$(x)$, $(y)$, $(z)$ のうち $(x)$ の死亡が 1 番目に起こり，かつ観察期間 $[t,\,t+1]$ に属する時点に，$(y)$ が 2 番目または 3 番目に死亡するという条件が成り立つ確率

$_{t|}q_{\overline{xy},z}^{\;1}$：観察期間 $[t,\,t+1]$ に属するある時点 $s$ で $(x)$ と $(y)$ が共存でなくなり，かつ時点 $s$ で $(z)$ が生存しているという条件が成り立つ確率

## ●連生の保険・年金

$A_{xy:\overline{n}|}^{\;\;1}$：$(x)$, $(y)$ が $n$ 年後に共存しているときに保険金を支払う連生生存保険の一時払純保険料

$\ddot{a}_{xy:\overline{n}|}$, $a_{xy:\overline{n}|}$, $\overline{a}_{xy:\overline{n}|}$：$(x)$, $(y)$ が $n$ 年間に共存するときに限り年金を支払う連生有期年金の現価 (期始払，期末払，連続払)

$A_{\overline{xy}:\overline{n}|}^{\;\;1}$：$n$ 年間の間に共存でなくなった場合の年度末に保険金を支払う連生定期保険の一時払純保険料

$A_{xy:\overline{n}|}$：連生養老保険の一時払純保険料

$A_{\overline{xy}:\overline{n}|}^{\;\;1}$：最終生存者連生生存保険の一時払純保険料

$\ddot{a}_{\overline{xy}:\overline{n}|}$：最終生存者連生有期期始払年金の現価

$a_{\overline{xyz}:\overline{n}|}^{\;[2]}$：$(x)$, $(y)$, $(z)$ のうちちょうど 2 人が生存しているときに限り年金を支払う期末払年金の現価

$a_{\overline{xyz}:\overline{n}|}^{\;\;2}$：$(x)$, $(y)$, $(z)$ のうち少なくとも 2 人が生存しているときに限り年金を支払う期末払年金の現価

$a_{x,\overline{yz}:\overline{n}|}$：$(y)$, $(z)$ のうちの最終生存者と $(x)$ とが共存するときに限り年金を支払う期末払年金の現価

$A_{\overline{xy}:\overline{n}|}^{\;\;1}$：最終生存者連生定期保険の一時払純保険料

$A_{\overline{xy}:\overline{n}|}$：最終生存者連生養老保険の一時払純保険料

**282**　付録 E　生保数理記号集

### ●復帰年金

$a_{x|y:\overline{n}|}$：$(x)$, $(y)$ のうち $(x)$ が先立った年度末より開始し，$(y)$ が生存している限り，毎年度末に第 $n$ 年度まで支払う年金の現価

### ●条件付連生保険

$A^{1}_{x\,y:\overline{n}|}$：$(x)$, $(y)$ の 2 人を被保険者とし，期間 $n$ 年以内に $(x)$ が $(y)$ に先立って死亡するという条件が成り立った場合に，年度末に保険金を支払うときの一時払純保険料

$A^{2}_{x\,y:\overline{n}|}$：$(x)$, $(y)$ の 2 人を被保険者とし，期間 $n$ 年以内に $(y)$ が $(x)$ に先立って死亡し，かつ $(x)$ が死亡するという条件が成り立ったとき，$(x)$ 死亡の年度末に保険金を支払うときの一時払純保険料

## ■脱退残存表

### ●多重脱退表

$q^{A}_{x}$：$(x)$ の原因 A による脱退率
$q^{A*}_{x}$：$(x)$ の原因 A による絶対脱退率
$\mu^{A}_{x}$：$(x)$ の原因 A による脱退力

## ■就業不能（または要介護）に対する諸給付

### ●死亡・就業不能脱退残存表

$l^{aa}_{x}$：$x$ 歳の就業者数
$d^{aa}_{x}$：就業者 $(x)$ が $x+1$ 歳になるまでに就業可能なまま死亡する人数
$i_{x}$：就業者 $(x)$ が $x+1$ 歳になるまでに就業不能となる人数
$l^{ii}_{x}$：$x$ 歳の就業不能者数
$d^{ii}_{x}$：$x$ 歳の就業不能者が $x+1$ 歳になるまでに死亡する人数

$q_x^{aa}$：就業者 $(x)$ が就業可能なまま死亡する確率

$q_x^{(i)}$：就業者 $(x)$ が就業不能となる確率

$q_x^{aa*}$：就業者 $(x)$ について，就業不能で脱退することがないと仮定した絶対的な死亡確率

$q_x^{(i)*}$：就業者 $(x)$ について，死亡で脱退することがないと仮定した絶対的な就業不能確率

$q_x^{ii}$：就業不能者が 1 年以内に死亡する確率で，脱退表から計算した値

$_tp_x^i$：就業不能者生命表上で $(x)$ が $t$ 年間生存する確率

$_tp_x^{aa}$：$(x)$ の就業者が就業可能なまま $t$ 年間生存する確率

$q_x^a$：$(x)$ の就業者が 1 年以内に死亡する確率

$_tp_x^{ai}$：就業者 $(x)$ が $t$ 年以内に就業不能となり，$(x+t)$ 歳まで生存する確率

$_tp_x^a$：$(x)$ の就業者が $t$ 年間生存する確率

## ●就業不能に関する各種年金の現価

$\ddot{a}_{x:\overline{n|}}^{aa}$：就業者 $(x)$ に対して就業の期間中に支払われる期始払 $n$ 年有期年金の現価

$\ddot{a}_{x:\overline{n|}}^{i}$：$(x)$ の就業不能者に対して生存の期間中に支払われる期始払 $n$ 年有期年金の現価

$\ddot{a}_{x:\overline{n|}}^{a}$：$(x)$ の就業者に対して，生存する限り支払われる期始払 $n$ 年有期年金の現価

$a_{x:\overline{n|}}^{ai}$：$(x)$ の就業者に対して，就業不能となった年度末より生存中，かつ契約時点から $n$ 年後まで支払われる年金の現価

$a_{x:\overline{n|}}^{a(i:\overline{m|})}$：$(x)$ の就業者に対して，$m$ 年以内に就業不能となればその年度末より生存中，かつ契約時点から $n$ 年後まで支払われる年金の現価

# ■ 参考文献

[教科書]　二見隆，『生命保険数学（上）（下）』（改訂版），生命保険文化研究所，
　　　1992.
[参考書]　京都大学理学部アクチュアリーサイエンス部門，『アクチュアリーのた
　　　めの生命保険数学入門』，岩波書店，2014.

　以上は，アクチュアリー会指定の教科書・参考書である．
　以下は，指定教科書・参考書ではないが，本書にも登場する，試験勉強に役立つ
参考書である．

[山内生保]　山内恒人，『生命保険数学の基礎－アクチュアリー数学入門－第2版』，
　　　東京大学出版会，2014.
[黒田日評生保]　黒田耕嗣，『生命保険数理』（アクチュアリー数学シリーズ 5），日
　　　本評論社，2016.
[黒田培風生保]　黒田耕嗣，『生保年金数理〈1〉理論編』，培風館，2007.
[合格へのストラテジー 数学]　藤田岳彦監修，岩沢宏和企画協力，アクチュアリー
　　　受験研究会代表 MAH，『アクチュアリー試験 合格へのストラテジー 数学』，
　　　東京図書，2017.

　また，本書にも登場しているが，アクチュアリー試験のモチベーションアップの
本として，以下の本を挙げる．

[藤澤]　藤澤陽介，『すべては統計にまかせなさい』，PHP 研究所，2014.
[アクチュアリー数学入門]　黒田耕嗣，斧田浩二，松山直樹，『アクチュアリー数学
　　　入門 [第 4 版]』（アクチュアリー数学シリーズ 1），日本評論社，2016.

　最後に，本書の有益な情報のベースは，アクチュアリー受験研究会の会員からの
ものが多くを占めている．

[アク研]　アクチュアリー受験研究会，http://pre-actuaries.com/

# ■索 引

**T**

Thieleの微分方程式........82, 86

**あ**

営業保険料 . . . . . . . . . . . . . . . . . . . 79
延長保険 . . . . . . . . . . . . . . . . . . . . . 89

**か**

開集団 . . . . . . . . . . . . . . . . . . . . . . . 62
解約返戻金 . . . . . . . . . . . . . . . . . . . 88
過去法 . . . . . . . . . . . . . . . . . . . . . . . 82
元金均等返済 . . . . . . . . . . . . . . . . . 56
観察死亡率 . . . . . . . . . . . . . . . . . . . 63
完全年金 . . . . . . . . . . . . . . . . . . . . . 77
完全平均余命 . . . . . . . . . . . . . . . . . 61
元利均等返済 . . . . . . . . . . . . . . . . . 57
危険保険金 . . . . . . . . . . . . . . . . . . . 86
危険保険料 . . . . . . . . . . . . . . . . . . . 86
期始払永久年金現価 . . . . . . . . . . . 55
期始払確定据置年金現価 . . . . . . . 55
期始払確定年金現価 . . . . . . . 53, 54
期始払確定年金終価 . . . . . . . 53, 54
期始払終身年金現価 . . . . . . . . . . . 67
期始払生命年金現価 . . . . . . . . . . . 67
期始払累加生命年金現価 . . . . . . . 69
期始払累加年金現価 . . . . . . . . . . . 55
期始払累加年金終価 . . . . . . . . . . . 56
期始払累減生命年金現価 . . . . . . . 70
期末払永久年金現価 . . . . . . . . . . . 55
期末払確定据置年金現価 . . . . . . . 55
期末払確定年金現価 . . . . . . . . . . . 53
期末払確定年金終価 . . . . . . . . . . . 53
期末払終身年金現価 . . . . . . . . . . . 67

期末払生命年金現価 . . . . . . . . . . . 67
期末払累加年金現価 . . . . . . . . . . . 56
期末払累加年金終価 . . . . . . . . . . . 56
共分散 . . . . . . . . . . . . . . . . . . . . . . 252
均等年齢 . . . . . . . . . . . . . . . . . . . . . 96
均等利回り評価 . . . . . . . . . . . . . . . 57
経過契約 . . . . . . . . . . . . . . . . . . . . 103
計算基数 . . . . . . . . . . . . . . . 66, 108
現価 . . . . . . . . . . . . . . . . . . . . . . . . . 51
現価率 . . . . . . . . . . . . . . . . . . . . . . . 51
減債基金 . . . . . . . . . . . . . . . . . . . . . 57
ゴムパーツの法則 . . . . . . . . . . . . . 65

**さ**

最終生存者 . . . . . . . . . . . . . . . . . . . 94
最終年齢 . . . . . . . . . . . . . . . . . . . . . 58
自然保険料 . . . . . . . . . . . . . . . . . . . 73
実利率 . . . . . . . . . . . . . . . . . . . . . . . 51
終価 . . . . . . . . . . . . . . . . . . . . . . . . . 51
収支相等の原則 . . . . . . . . . . . . . . . 72
純保険料 . . . . . . . . . . . . . . . . . . . . . 67
純保険料式責任準備金 . . . . . . . . . 81
将来法 . . . . . . . . . . . . . . . . . . 82, 83
初年度定期式責任準備金 . . . . . . . 88
死力 . . . . . . . . . . . . . . . . . . . 60, 95
据置平均余命 . . . . . . . . . . . . . . . . . 61
生存保険 . . . . . . . . . . . . . . . . . . . . . 68
生命関数 . . . . . . . . . . . . . . . . . . . . . 59
生命年金 . . . . . . . . . . . . . . . . . . . . . 67
生命表 . . . . . . . . . . . . . . . . . . . . . . . 58
責任準備金 . . . . . . . . . . . . . . . . . . . 81
絶対死亡率 . . . . . . . . . . . . . . . . . . 103

| | |
|---|---|
| 絶対脱退率 ...................... 101 | 平均余命 ....................... 61 |
| 全期チルメル式責任準備金 ...... 87 | 閉集団 ......................... 62 |
| 選択効果 ........................ 59 | 変動年金 ....................... 69 |
| 選択表 .......................... 59 | 変動保険 ....................... 69 |
| 相関係数 ....................... 252 | 保険年度 ....................... 58 |
| | 保険料振替貸付 ................. 89 |
| **た** | 保険料返還付保険 .............. 76 |
| 多重脱退表 ..................... 101 | |
| 脱退力 ......................... 102 | **ま** |
| 単生 ........................... 93 | 名称利率 ....................... 51 |
| 中央死亡率 ..................... 63 | 名称割引率 ..................... 52 |
| 中央脱退率 ..................... 102 | メーカムの法則 ............ 65, 95 |
| 貯蓄保険料 ..................... 86 | **や** |
| チルメル期間 ................... 87 | 養老保険 ....................... 69 |
| チルメル式責任準備金 .......... 87 | 予定維持費 ..................... 80 |
| チルメル割合 ................... 87 | 予定集金費 ..................... 79 |
| 定期平均余命 ................... 61 | 予定新契約費 ................... 79 |
| 定期保険 ....................... 68 | |
| 定常社会 ....................... 62 | **ら** |
| 定常状態 ....................... 62 | 略算平均余命 ................... 61 |
| 定常人口 ....................... 62 | 利率 ........................... 51 |
| 転化回数 ....................... 51 | 利力 ........................... 52 |
| 転換 ........................... 91 | 累加定期保険 ................... 71 |
| ド・モアブルの法則 ............ 64 | 累減定期保険 ................... 71 |
| | 連生 ........................... 93 |
| **は** | 連続払確定年金終価 ............ 55 |
| ハーディの公式 ................. 53 | 連続払確定年金現価 ............ 55 |
| 払済保険 ....................... 89 | 連続払終身年金現価 ............ 64 |
| 払済保険金額 ................... 89 | 連続払終身保険 ................. 64 |
| 再帰式 ......................... 85 | 連続払生命年金年金現価 ........ 68 |
| ファクラーの再帰式 ............ 82 | **わ** |
| 複利 ........................... 51 | 割引率 ......................... 52 |
| 不担保期間 ..................... 111 | |
| 復帰年金 ....................... 100 | |
| 平均寿命 ....................... 61 | |
| 平均年齢 ....................... 63 | |

## ■監修者紹介
<ruby>山<rt>やまうち</rt></ruby>内　<ruby>恒人<rt>つねと</rt></ruby>

1958 年東京生まれ

東京都立大学理学部数学科卒業後，慶應義塾大学工学研究科数理工学専攻修士課程修了（工学修士）

その後，ソニー・プルデンシャル生命保険株式会社入社後外資系生命保険会社にて商品開発・数理部門・団体関連営業役員を担当し保険計理人も歴任

その間，筑波大学にて法学修士を取得

サムスン生命保険を退社後，慶應義塾大学理工学研究科特任教授（現職），

大阪大学及び東京大学にて非常勤講師

日本アクチュアリー会アクチュアリー講座では生保数理を担当

2009 年　東京大学出版会より『生命保険数学の基礎－アクチュアリー数学入門－』を上梓（現在第 2 版）

日本アクチュアリー会　正会員

## ■著者紹介

### MAH

1990 年 3 月　東北大学工学部機械系精密工学科　卒業

1990 年 4 月　国内保険会社　入社

1995 年 7 月　商品業務部門に異動

2000 年 1 月　確定拠出年金の立ち上げセクションに異動

以後，確定拠出年金の事業計画・企画・システム開発などを担当

企業に対する企業年金のコンサルティングも 200 社以上実施

2009 年 1 月　年金アクチュアリーを目指し，「アクチュアリー受験研究会」を発足

日本アクチュアリー会　正会員

日本証券アナリスト協会　認定アナリスト（CMA）

DC プランナー 1 級

宅地建物取引士

オンライン奇術研究会　代表

アクチュアリー受験研究会　代表

### 西林 信幸
（にしばやしのぶゆき）

大阪大学大学院理学研究科博士課程（前期）数学専攻修了（理学修士）

日本生命，ニッセイ基礎研究所，かんぽ生命，有限責任監査法人トーマツ，アクサダイレクト生命，新日本有限責任監査法人，ジェネラル・リインシュアランス・エイジイを経て，現在，イオン・アリアンツ生命保険株式会社にて保険計理人を務める

アクチュアリー受験研究会において生保数理に関する質問対応に従事

日本アクチュアリー会　正会員

### 寺内辰也
（てらうちたつや）

2011 年 3 月　早稲田大学教育学部数学科　卒業

マーサージャパン株式会社年金コンサルティング部門にて，外資系企業を中心に企業年金・企業退職金の制度設計・会計計算の実務を担当

日本アクチュアリー会　研究会員

アクチュアリー試験　合格へのストラテジー　生保数理

©MAH, Nobuyuki Nishibayashi, Tatsuya Terauchi 2018

---

2018 年 6 月25日　第 1 刷発行　　Printed in Japan
2025 年 2 月25日　第 5 刷発行

監修者　山内恒人
著者　MAH・西林信幸・寺内辰也
発行所　東京図書株式会社
〒102-0072 東京都千代田区飯田橋 3-11-19
振替 00140-4-13803 電話 03(3288)9461
http://www.tokyo-tosho.co.jp/

---

ISBN 978-4-489-02292-0